KB270135

사랑을 전합니다

러빙 유 Loving you

선물포장

책 머 리 에

만드는 사람에 따라 수천 수만가지가 나오는 선물포장을 한 권의 책으로 묶기 위해 많은 고민을 거듭해야 했다. 오랜 시간 끝에 우리의 전통색과 멋이 어우러진 포장과 현대적인 감각과 이벤트에 어울리는 포장으로 나누어 2권의 책을 동시에 소개함으로써 자칫 부족할 수 있는 부분을 채우기로 했다.

선물 자체만으로도 부담이 될 수 있는데 포장에까지 정성을 쏟는 것은 사치라고 생각하는 사람도 있을 수 있다. 하지만 패션 감각이나 색상에 대한 디자인의 판단 기준이 높아진 만큼 선물 포장에 대한 생각도 점차 달라지고 있는 추세이다.

이미 다양한 포장법들이 알려져 있기는 하지만 기존에 알고 있는 상식적인 포장법에 더해 여러 가지 다양한 방법의 테크닉을 쉽고 재미있게 소개하고자 한다. 일상에서 얻을 수 있는 여러 아이디어도 포장을 하는데 많은 도움이 되며 단순한 포장을 충분히 가치있는 것으로 다시 만들 수 있다. 무엇보다 선물은 주는 사람의 취향 보다 받는 사람의 취향에 맞추어야 한다는 생각으로 구성하였다.

이 책에서는 일상생활에서 선물을 전해야 하는 날을 중심으로 분류하여 따라하기 쉬우면서도 간편한 색다른 느낌의 포장법들을 소개하였다. 일반적인 포장법 외에도 새로운 포장법들을 함께 선보였으며 사용된 소재들 또한 주위에서 쉽게 구할 수 있는 것들을 주로 이용해 누구나 쉽게 따라할 수 있도록 했다. 굳이 선물 포장 전문가를 찾지 않더라도 이 책에서 아이디어를 얻어 활용한다면 사랑과 감사의 마음을 효과적으로 전할 수 있는 포장을 직접 해보는 즐거움을 누릴 수 있을 것이다. 개성 있는 나만의 포장으로 사랑을 전할 수 있는 기회가 되기를 바란다.

끝으로 한 권의 책을 만들기 위해 수고해 주신 모든 분들께 깊은 감사를 전한다.

김혜정, 최재연
blog.empas.com / bijou434

contents

손끝에 닿는 처음 느낌,
선물의 기본 포장
PART
one

사 / 각 / 상 / 자 / 포 / 장
square box wrapping

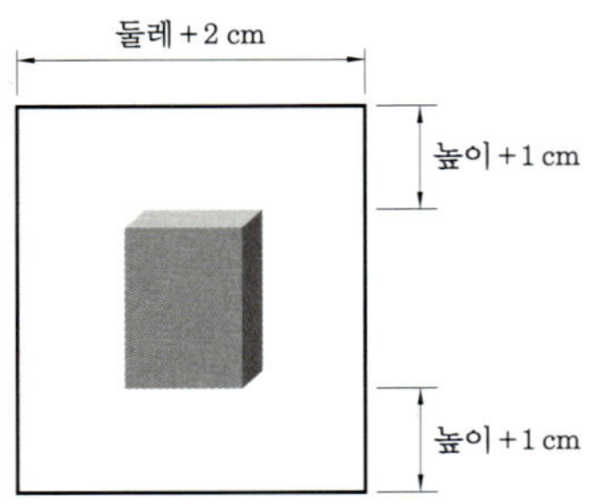

재료 사각 상자, 포장지, 양면 테이프, 칼

How to

1 재단한 포장지에 상자를 올려놓는다.

2 먼저 포장지 둘레 부분을 1cm 시접을 접어 상자 중심에 오도록 고정시킨다.

3 모서리 부분부터 완전히 접히도록 높이를 접는다.

4 상자 높이의 1/2 지점까지 오도록 시접을 접어 고정시켜준다.

✽ 가장 기본이 되는 포장기법으로 일반적으로 가장 많이 쓰이는 형태이다. 양쪽 높이 부분이 Y자의 형태가 되도록 접는 것이 중요하다.

낮 / 은 / 원 / 통 / 포 / 장
low cylinder wrapping

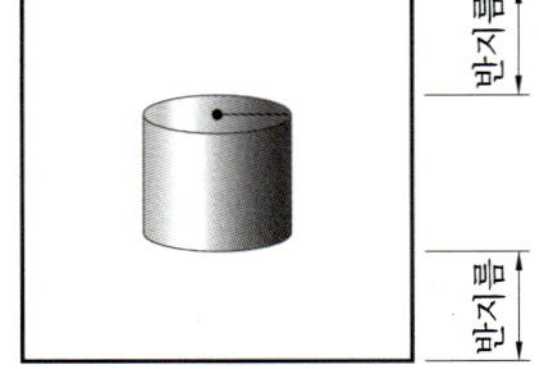

재료 원통, 펄구김지, 양면 테이프, 칼

How to

1 재단한 포장지에 원통을 올려놓는다.

2 원통 둘레 시접을 1cm 붙여 고정시킨 후 포장지 양쪽 면이 똑같이 오도록 원통을 조절한다.

3 접은 끝부분이 원의 중심에 일정한 간격으로 모이도록 돌려가며 접어준다.

4 원의 중심으로 포장지를 접은 다음 처음 시작했던 부분을 살짝 들어 올려 끼워 넣어 마무리한다.

✱ 원통형을 포장할 땐 원의 중심으로 포장지가 모이도록 접어 시작과 끝이 일치되도록 한다.

긴 / 원 / 통 / 포 / 장
high cylinder wrapping

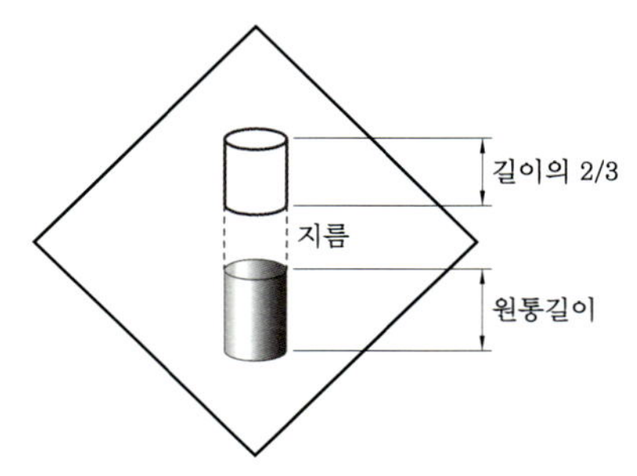

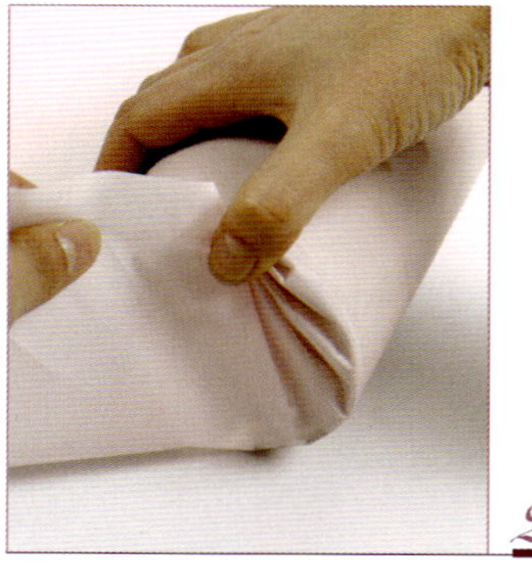

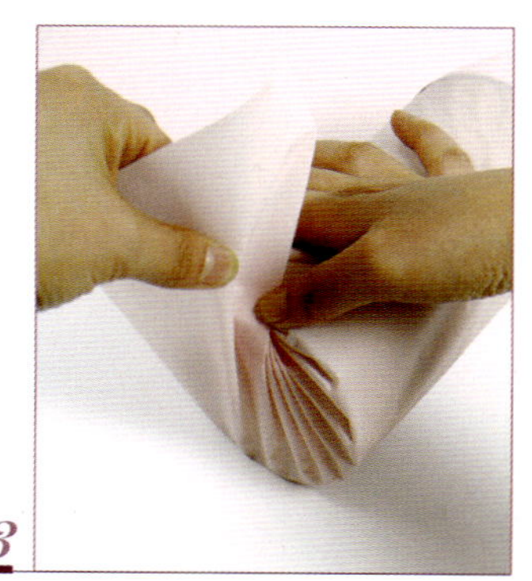

재료 긴 원통, 포장지, 양면 테이프, 칼

How to

1 모서리 부분에 원통을 대각선으로 둔다.

2 원통을 회전시켜 원통을 감싼 후 주름을 잡아나간다.

3 끝을 일정하게 한곳으로 모아주면서 접는데, 이때 원의 1/2 정도만 주름을 접는다.

4 양쪽을 똑같이 지름의 1/2 정도 접은 후 원통을 굴려 포장지를 원통 길이에 맞게 접어 마무리한다.

***** 긴 원통형을 포장할 때 마무리 끝 부분은 원통 길이 중앙에 모서리 부분이 오도록 한다.

육 / 각 / 상 / 자 / 포 / 장
hexagon box wrapping

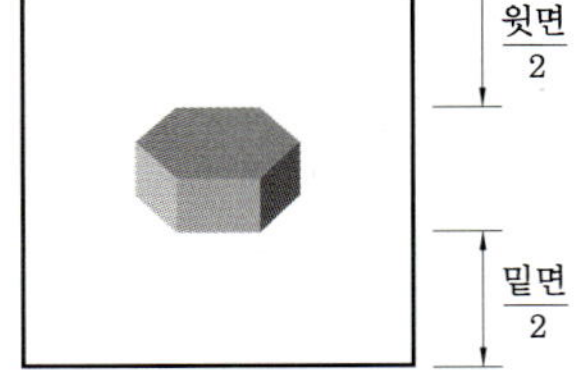

재료 육각 상자, 포장지, 양면 테이프, 칼

How to

1 재단한 포장지 위에 상자를 중심에 맞춰 올려놓는다. 재단의 폭은 상자 폭 + 상자 높이, 길이는 상자둘레 + 2~3cm

2 포장지의 한쪽을 먼저 양면 테이프로 상자에 고정시키고 상자 둘레를 둘러싼 후 1cm 정도 접어 고정한다.

3 상자 면의 각을 따라 주름을 잡는데 끝선이 대각선의 끝과 일치하도록 한다.

4 마지막 주름은 첫 주름 아래로 넣어 마무리한다.

✱ 각이 있는 상자 포장시에는 둘레를 붙일 때, 모서리 부분에 오도록 한다.

삼 / 각 / 상 / 자 / 포 / 장
triangle box wrapping

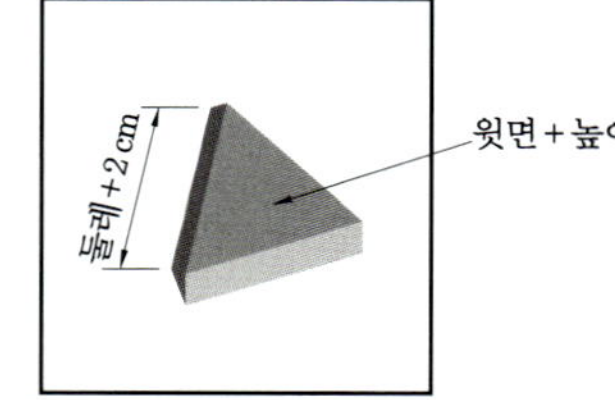

 삼각 상자, 포장지, 양면 테이프, 칼

How to

1 재단한 포장지 위에 상자를 사진과 같이 올려놓는다. 포장지를 재단할 때는
상자둘레＋2cm, 밑면／2＋1cm, 윗면／2＋1cm로 정한다.

2 먼저 둘레를 접어 모서리 부분에 오도록 붙여준다.

3 밑면부터 한 면씩 90°가 되도록 완전히 접어준다.

4 3면을 모두 접은 후 다시 1/2씩 끝점이 모서리 부분과 일직선이 되도록 접는다.

높 / 은 / 사 / 각 / 상 / 자 / 포 / 장
square box wrapping

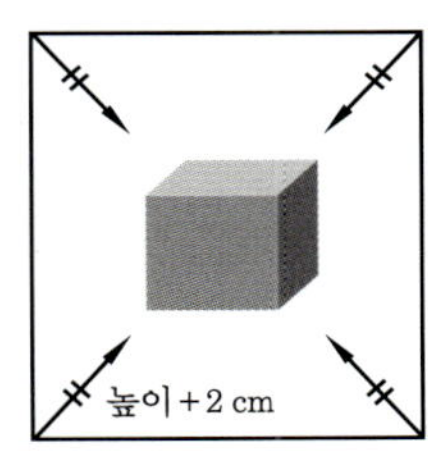

재료 높은 사각 상자, 바둑지, 양면 테이프, 칼

How to

1 재단한 포장지에 상자를 올려놓는다.

2 상자 둘레 시접을 1cm 접어 상자 모서리 부분에 오도록 고정한다.

3 상자의 한 면씩 접어 끝선이 중앙에 오도록 돌려가며 4면을 접어 마무리한다.

✽ 상자를 그대로 세워 놓은 채 한 면씩 돌려가며 접어주는 방법이다. 높은 사각 상자를 포장하는 방법에는 꿀이나 움직이면 깨질 염려가 있는 물건을 포장할 때 유용한 보자기식 포장법도 있다.

필 / 박 / 스 / 포 / 장
pillbox wrapping

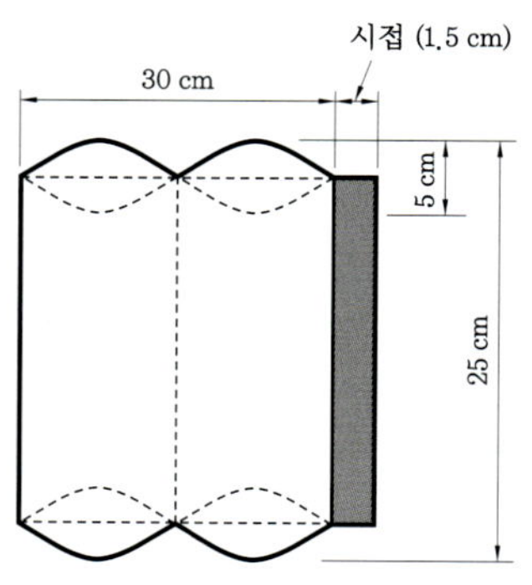

1

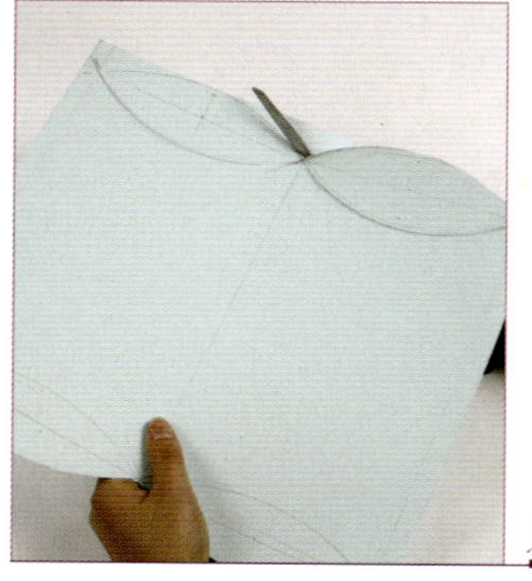

2

3

4

재료 켄트지, 자, 컴퍼스, 연필, 양면 테이프, 칼

How to

1 자, 컴퍼스, 연필을 이용해 전개도를
그린다.

✽ 전개도 : 길이 25cm, 넓이 15cm,
높이 5cm, 시접 1.5cm

2 전개도를 따라 오려낸다.

3 칼등으로 선을 따라 그어준다.

4 가위나 칼로 전개도를 오린 다음 점
선을 따라 접어 시접 부분을 고정시
켜 완성한다.

선물 포장 노하우

선물을 준비할 때 가장 중요한 것은 상대에게 알맞은 선물을 선택했는가 하는 문제이다. 그 다음 고려되어야 할 것이 선물을 넣을 상자와 포장지를 고르고 그에 어울리는 리본이나 액세서리 등을 선택하는 것이다. 포장지를 고를 때는 목적이나 계절 등의 요소를 고려하는 것이 좋고, 리본이나 액세서리는 포장 상자의 크기와 포장지를 고려해 사용한다.

포장법 선택

파손의 위험이 있거나 움직여서는 안 되는 선물은 보자기식 포장으로 안전을 우선시하고, 부피가 작은 선물은 화려한 포장법으로 포장해 선물의 가치를 높인다.

포장지 선택

신축성이 있는 옷 종류는 얇은 종이나 구김지로 포장하는 것이 편리하고, 깨지기 쉬운 선물을 포장할 때는 빈 공간에 얇은 종이나 구긴 종이를 채워 넣어 안전을 확보하는 것이 좋다.

재활용이 가능한 포장용품

상자 : 한지, 부직포, 천 등을 재단해 붙여 용도별 케이스를 만들어 사용한다.

종이백 : 필요한 만큼 잘라내고 구멍을 뚫어 가죽 끈이나 리본으로 장식하면 따로 포장이 필요 없을 만큼 훌륭한 포장 케이스가 만들어진다.

핀·단추 : 진주핀이나 단추 등을 버리지 않고 모아두었다가 포장할 때 포장지의 색과 분위기에 어울리는 것을 골라 장식하면 좋다.

커 / 플 / 링 / 포 / 장
jewellery wrapping

집에서 선물을 포장할 때 가장 난감한 문제가
선물을 넣을 케이스를 마련하는 일이다.
이럴 때 쓰지 않는 오래된 상자를
예쁜 포장지로 감싸 꾸며주면
새로운 포장 상자를 만들 수 있다.

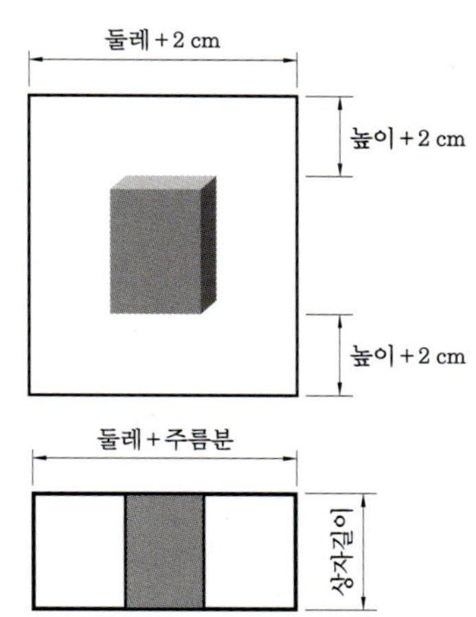

재료 커플링 상자, 구김지, 양면 테이프, 장식, 칼

How to

1 재단한 포장지로 상자 바닥과 뚜껑을 각각 감싸준다.

2 양쪽 가장자리에 장식 줄을 둘러준다.

3 재단한 포장지에 상자를 올리고 주름을 잡아 고정시킨다.

4 상자 가운데에 하트 모양 장식물을 부착한다.

5 꽃 가랜드로 한번 더 감싸 마무리한다.

목 / 도 / 리 / 포 / 장
muffler wrapping

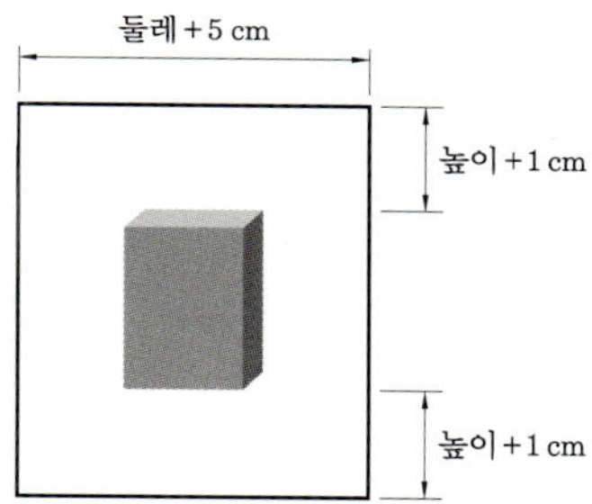

재료 목도리 상자, 포장지, 리본, 양면 테이프, 칼

How to

1 재단한 포장지 위에 목도리 상자를 올려놓는다.

2 상자를 올려 둘레를 감싼 후 윗면에 3cm 정도 다른 색 포장지가 오도록 고정한 후 높이 부분은 잘라낸다.

3 다른 색 포장지(10cm)를 상자 길이만큼 잘라 주름을 접어 윗면 한쪽 부분에 오도록 붙인다.

4 양쪽 높이 부분은 캐러멜 포장법으로 접어 고정하고 살짝 제껴준다.

5 나비 보를 붙여 장식하여 마무리한다.

향 / 수 / 포 / 장 / 1
perfume wrapping

재료 향수, 원통형 상자, 포장지, 리본, 양면 테이프, 칼

How to

1 향수케이스를 한 번 포장한 후 마름모꼴로 펼친 포장지 위에 올린다.

2 향수병을 긴 원통 회전식 포장법으로 한쪽씩 양쪽을 돌려가며 접어준다.

3 두 가지 색으로 원 모양을 오려낸다.

4 오려낸 원을 포장된 병 중앙에 돌려가며 붙여준다.

5 줄 리본으로 여러 번 돌려 감아준다.

6 리본을 묶어 마무리한다.

향 / 수 / 포 / 장 / 2
perfume wrapping

재료 향수, 사각형 상자, 양면지, 장식 줄, 레이스 리본, 양면 테이프, 칼

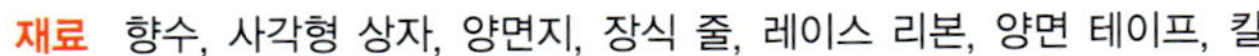

How to

1 상자를 양면지로 감싸 한쪽 면은 캐러멜 포장법으로 마무리하고 한쪽 면은 남긴다.

2 한 번 더 상자 길이만큼 잘라 둘레를 감싼다.

3 남겨둔 한쪽 높이를 캐러멜 접듯이 접은 후 고정시키지 않고 한쪽을 아래로 내려 고정시킨 다음 넥타이 모양을 접어 사이에 끼워 고정한다.

4 레이스 리본을 상자 아래 부분에 붙여준다.

5 장식을 붙여 마무리한다.

선물 포장

책 / 포 / 장
book wrapping

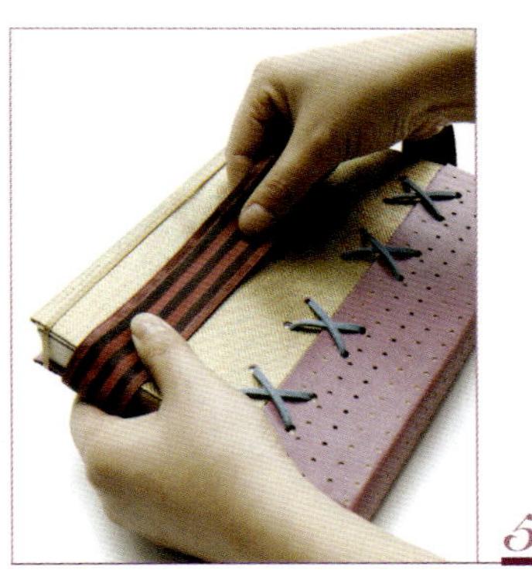

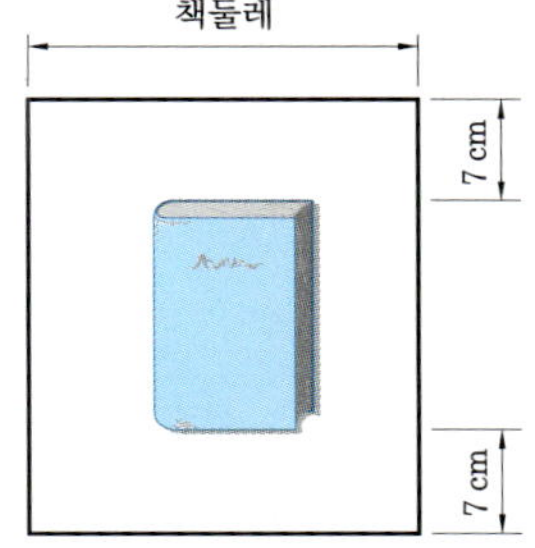

재료 책, 타공지, 아트지, 펀치, 가죽 끈, 양면 테이프, 칼, 가위, 자

How to

1 같은 크기로 재단한 아트지와 타공지를 맞댄다.

2 펀치로 두 포장지에 일정한 간격으로 구멍을 낸다.

3 가죽 끈으로 X자 모양으로 연결한 후 묶어준다.

4 책 길이에 맞춘 포장지로 책의 겉면을 감싸준다.

5 리본으로 책 길이 쪽을 한 바퀴 돌려준다.

6 5의 리본 위에 가죽 끈으로 둘러 묶어 마무리한다.

다 / 이 / 어 / 리 / 포 / 장
planner wrapping

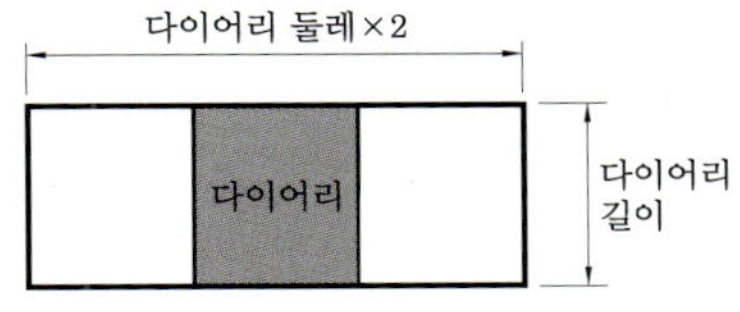

재료 다이어리, 포장지, 양면 테이프, 칼, 리본, 모양 펀칭

How to

1 재단한 포장지 위에 다이어리를 올려놓는다.

2 앞, 뒤 겉표지가 완전히 덮이도록 접어 고정한다.

3 10cm 정도 넓이로 포장지를 길게 잘라 무늬가 들어간 펀칭으로 구멍을 낸다.

4 다이어리 중앙 부분을 감싼다.

5 얇은 리본으로 4의 위쪽을 둘러준다.

6 아랫부분을 리본으로 감싸 나비 보를 만들어 주고 포장지가 맞닿는 부분에 장식한다.

인 / 형 / 포 / 장
doll wrapping

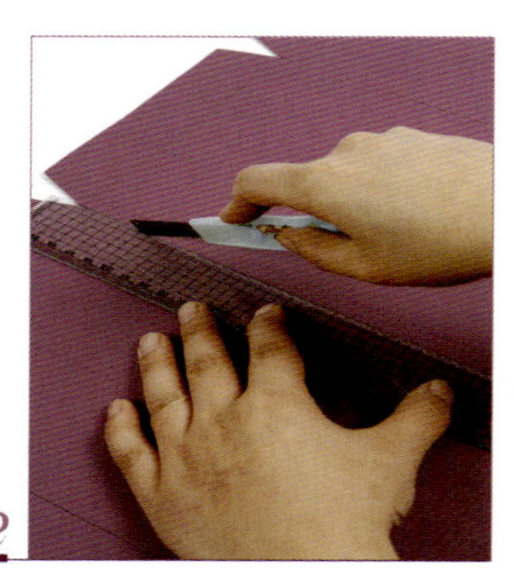

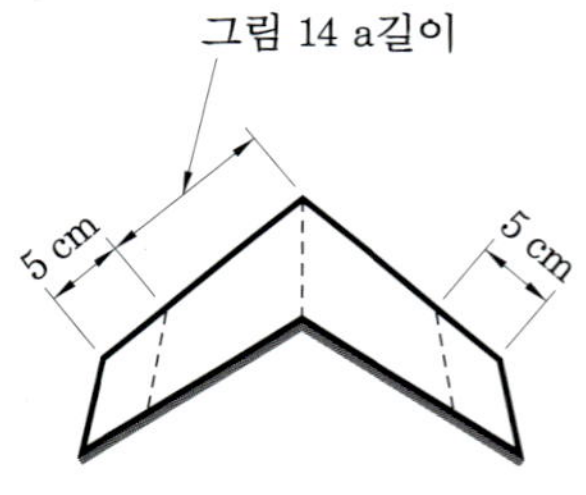

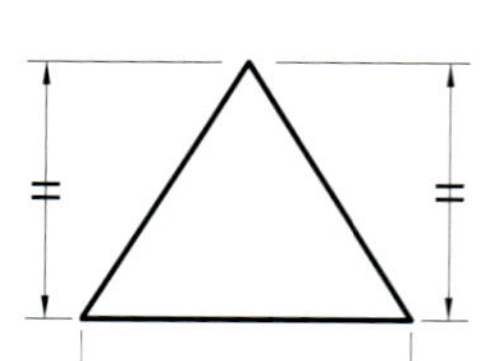

재료 인형, 골판지, 리본, 액세서리, 양면 테이프, 가위, 칼

 ## *How to*

1 전개도와 같이 포장지를 재단한다.

2 벽면이 될 포장지를 삼등분하여 접힐 부분을 칼등으로 그어준 후 접는다.

3 지붕을 접어 고정시킨다.

4 인형을 넣고 앞쪽과 지붕 위에 보를 만들어 고정한다.

5 액세서리로 꾸며 완성한다.

선물포장

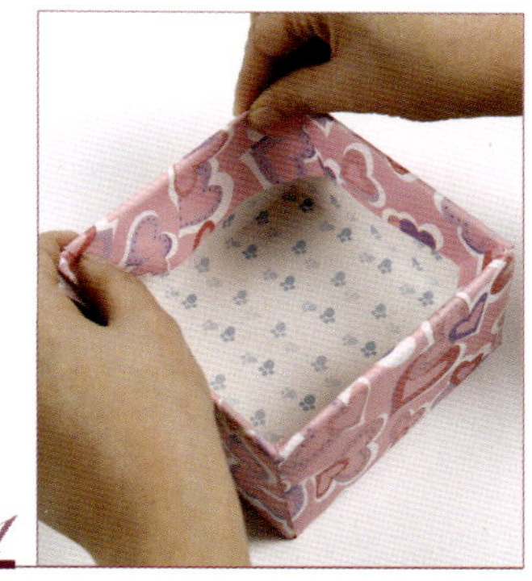

1

2

헤 / 어 / 핀 / 포 / 장
hairpin wrapping

흔히 볼 수 있는 물건이라 하더라도 어떻게 포장하느냐에
따라 선물의 가치가 달라질 수 있다.
흔히 볼 수 있는 상자에 포장지를 감싸 새로운 분위기를
연출한 다음 헤어핀과 같은 리본으로 장식해
고급스러운 느낌을 준다.

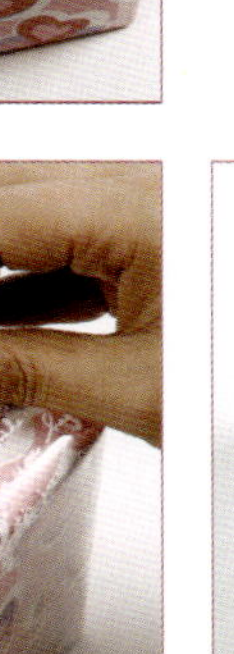

3

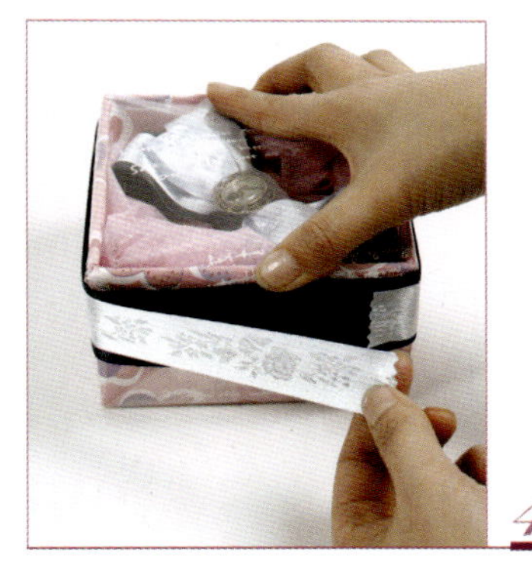

4

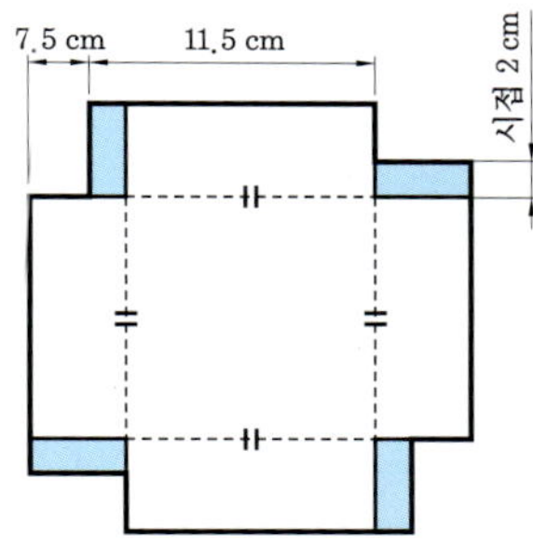

5

재료 헤어핀, 두꺼운 도화지, 포장지, 리본, 액세서리, OPP 필름지, 양면 테이프, 칼

How to

1 상자를 재단한 포장지로 감싸준다.
　상자의 크기는 핀의 크기에 따라 달라질 수 있다.
2 상자 안에 부직포를 넣어 볼륨감을 주고 헤어핀을 넣는다.
3 OPP 필름지로 전체를 감싸고 기본 포장법으로 처리해준다.
4 두 가지 리본을 차례로 겹쳐 상자 테두리를 둘러준다.
5 헤어핀과 어울리는 액세서리를 붙여 장식한다.

특별한 날 소중한 선물,

고마운 마음을 담아

상 / 품 / 권 / 포 / 장
gift card wrapping

상품권이나 현금 지갑을 만들고자 할 때
남아있는 자투리 포장지나 부직포를 이용하면
색다른 느낌을 연출할 수 있다.
지갑 모양으로 포장을 할 때는 부피감을 주는
옆선이 떨어지지 않도록 붙여주는 게 중요하다.

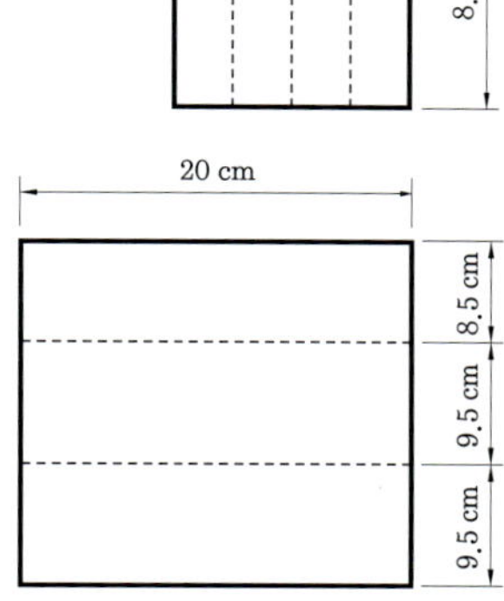

재료 상품권, 포장지, 레이스, 리본, 액세서리, 양면 테이프, 칼, 실, 바늘

How to

1 재단한 포장지 위에 상품권을 올려놓는다.

2 그림처럼 3등분으로 접은 다음 길이 양쪽을 1cm씩 접어 붙이고
위, 아래 끝부분도 1cm씩 접어준다.

3 지갑 모양으로 만든다.

4 리본을 일정 간격으로 시침질하여 실을 당겨 레이스를 만들어 붙인다.

5 레이스와 액세서리를 달아 꾸며 마무리한다.

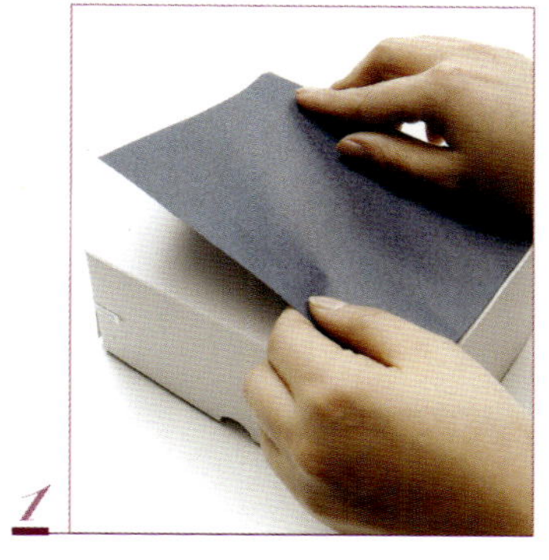

지 / 갑 / 포 / 장
purse wrapping

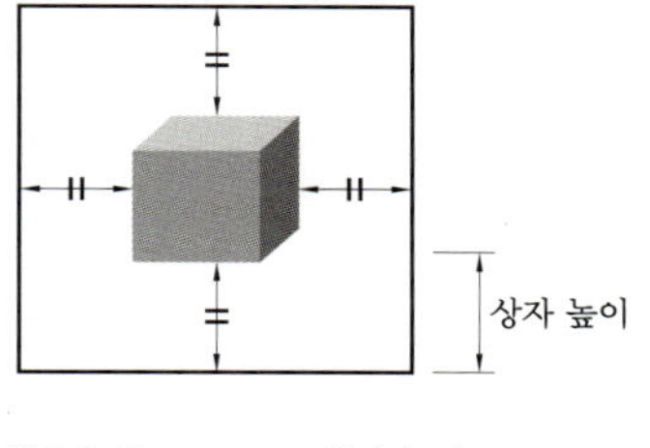

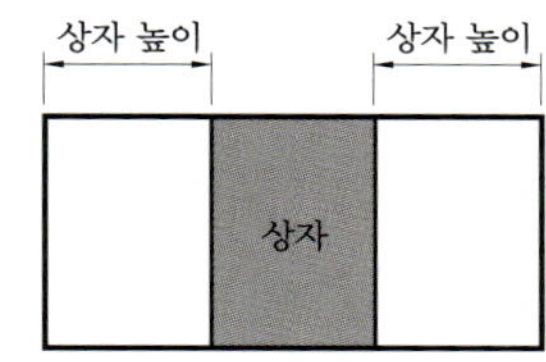

재료 지갑, 드림지, 실크 리본, 모양 펀치, 양면 테이프, 칼

How to

1 상자 윗면 부분에 속지를 붙여준다.

2 드림지를 모양 펀치로 뚫어 문양을 만든다.

3 상자 윗면에 모양이 나오도록 붙여준다.

4 겉 포장지를 높이 부분까지 맞춰 접어 붙인다.

5 실크 와이어 리본의 한 쪽 와이어를 잡아당겨 웨이브를 만들어 사선 매기 형태로 상자에 붙여 마무리한다.

셔 / 츠 / 넥 / 타 / 이 / 포 / 장
shirt or necktie wrapping

셔츠나 넥타이 등 남성들의 선물인 경우 구입한 곳에서
포장해주는 그대로 전하기보다 산뜻한 포장지와
귀여운 프릴을 달아 전한다면 받는 이의 기쁨은 배가 될 것이다.
테두리에 와이어가 들어간 리본은 와이어 길이를 조정해
원하는 모양의 프릴을 만들 수 있다.

재료 셔츠 또는 넥타이, 포장지, 와이어 리본, 양면 테이프, 칼

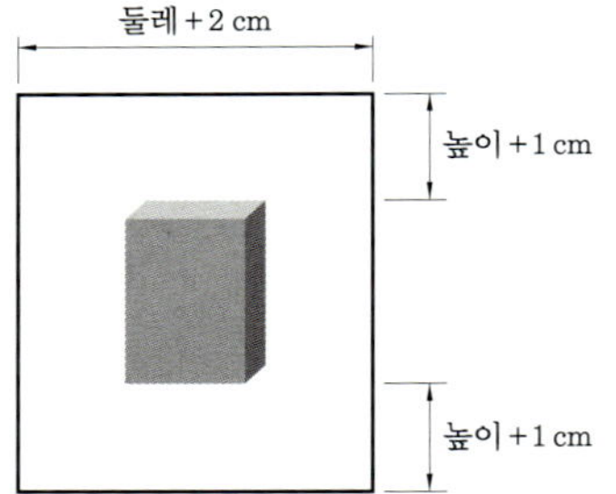

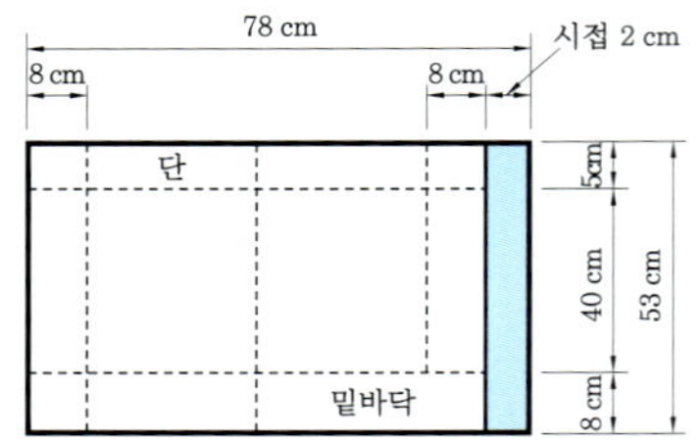

How to

1 재단한 포장지 위에 상자를 올려놓는다.

2 기본 캐러멜 포장법으로 포장을 한다.

3 전개도와 같은 크기로 포장지를 잘라 주름을 만든다.

4 주름분을 사선으로 붙인 다음 와이어 리본 한쪽을 잡아당겨 웨이브를 만들어 주름분을 따라 붙인다.

선물
포장

40
—
41

1

속 / 옷 / 포 / 장
underwear wrapping

포장지를 마름모꼴로 재단해
그대로 접기만 하면 되는 간단한 포장법이다.
때로 내용물의 느낌을 그대로 보여주는
포장법도 효과적일 수 있다.
속옷과 어울리도록 보라색 포장지와 레이스를 이용해
엘레강스한 느낌으로 연출해 보았다.

2

3

4

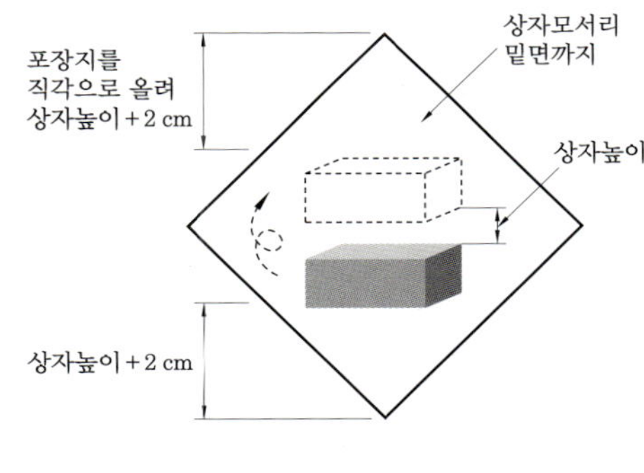

재료 속옷, 포장지, 레이스 리본, 액세서리, 양면 테이프, 칼

5

How to

1 재단한 포장지를 마름모꼴로 펼친 후 상자를 모서리 쪽에 놓는다.
2 양쪽 모서리 부분을 접어 포장한다.
3 3cm 정도 띠를 만들어 가운데 부분을 둘러준다.
4 레이스 리본을 양쪽에서 중심으로 고정시킨다.
5 띠 가운데로 레이스 리본을 붙이고 모양을 만들어 꾸민다.

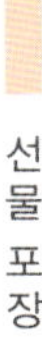

멀 / 티 / 백 / 만 / 들 / 기
multi bag made

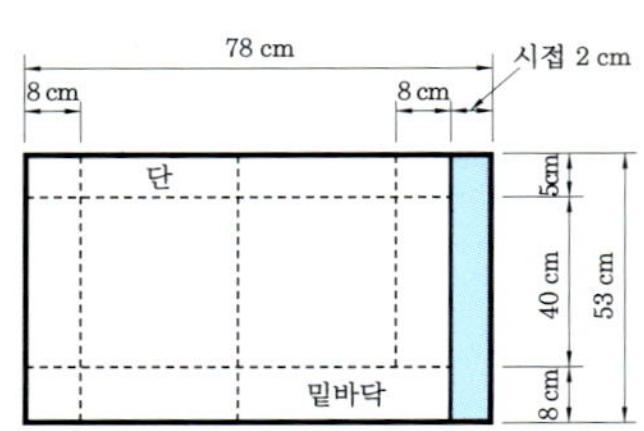

재료 타공지, 코사지, 장식, 레이스 리본, 양면 테이프, 칼

How to

1 타공지를 전개도와 같이 재단한다.

2 점선 부분을 그대로 접어준다.

3 단, 시접, 폭, 바닥 순으로 접는다.

4 손잡이 부분을 하트 모양으로 뚫어준다.

5 레이스를 달아 장식한다.

6 장식을 달아 꾸며 완성한다.

선물 포장

미 / 니 / 백 / 만 / 들 / 기
mini bag made

쇼핑백을 어떻게 연출하느냐에 따라
훌륭한 선물이 될 수 있다.
내용물의 크기에 따라
쇼핑백의 크기를 결정하는 것이 좋다.
예쁜 쇼핑백은 후에 얼마든지
다른 용도로 사용할 수 있다.

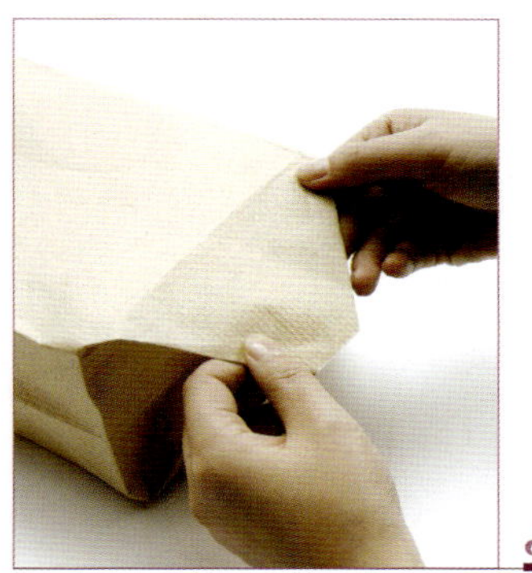

재료 머메이드지, 리본, 액세서리, 양면 테이프, 칼

 *How to*

1 전개도대로 포장지를 오린 후 점선을 따라 접어준다.

2 단을 접고 시접을 접어 붙인다.

3 폭을 접고 바닥을 접어 양면 테이프로 고정시킨다.

4 손잡이를 만들어 붙인다.

5 꽃과 나비 액세서리를 꾸며 마무리한다.

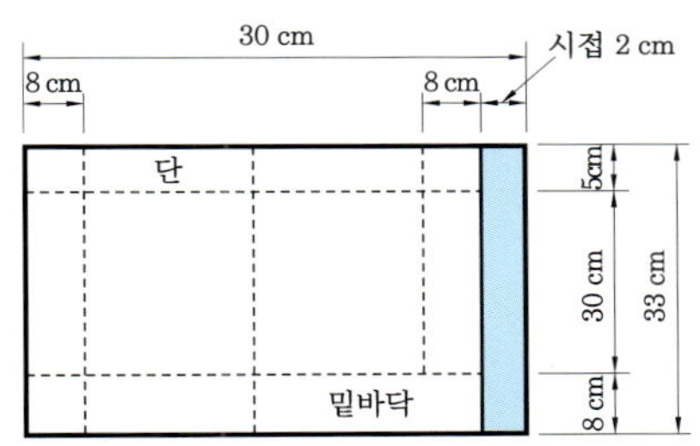

포 / 푸 / 리 / 주 / 머 / 니 / 포 / 장
potpourri pocket wrapping

향기주머니는 가정에서 사용할 뿐 아니라 선물용으로도 많이 사용한다.
일반적인 포장법이 아닌 포푸리의 향이 그대로 전해질 수 있도록
보라색 골판지를 이용해 안이 들여다보이도록 상자를 만들어 보자.
상자 뚜껑 부분은 골판지 골이 가로로 보이도록
재단하는 것이 더 깔끔해 보인다.

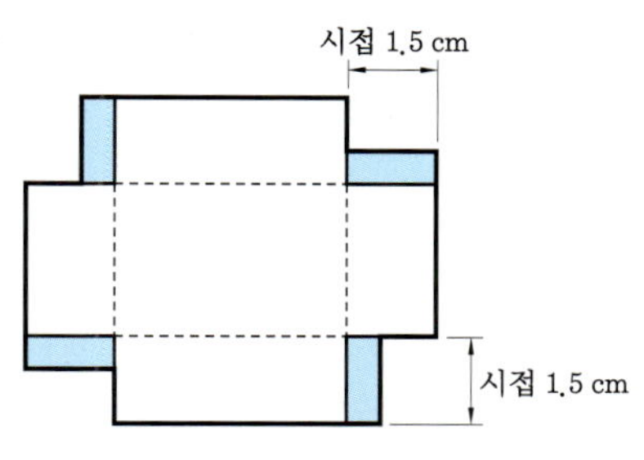

재료 포푸리 주머니, 골판지, 레이스 리본, 카메오 액세서리, 칼, 자, 양면 테이프

How to

1 전개도에 따라 골판지를 재단한다. 포푸리 주머니의 크기에 따라 사이즈를 정한다.
2 전개도대로 접어 상자를 만든다.
3 하트와 초승달 모양으로 골판지를 오려 바닥 넓이보다 0.2cm 큰, 3~5cm 정도
　높이의 상자 뚜껑을 만든다.
4 뚜껑 안쪽에 OPP를 붙이고 레이스를 하트 창과 테두리를 따라 붙여준다.
5 하트 창 아랫부분에 카메오 액세서리를 붙여 꾸민다.

티 / 슈 / 케 / 이 / 스 / 만 / 들 / 기
tissues case made

흰색과 파란색 두 가지의 펄 구김지를 이용해 티슈케이스를 만들어 보았다.
두 가지 색의 펄 구김지를 일정한 크기에 맞춰 서로 배색이 되도록 딱지를 접은 다음 하드보드지
나 단보루 상자에 핀으로 고정시킨다. 윗부분은 티슈를 뽑을 수 있도록 만들어주고, 은구슬을 붙
여 포인트를 준다.

리 / 스 / 포 / 장
wreath wrapping

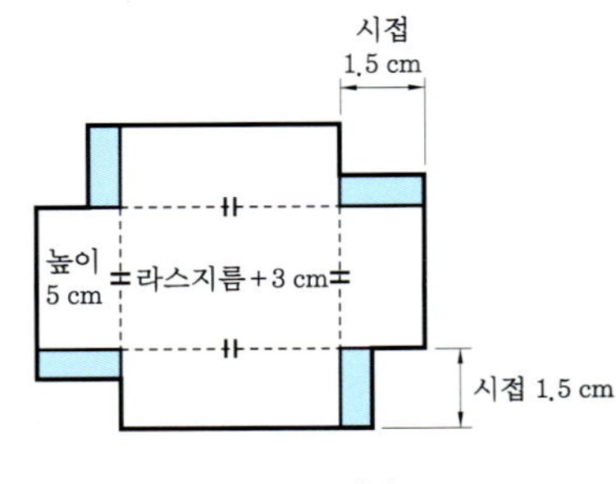

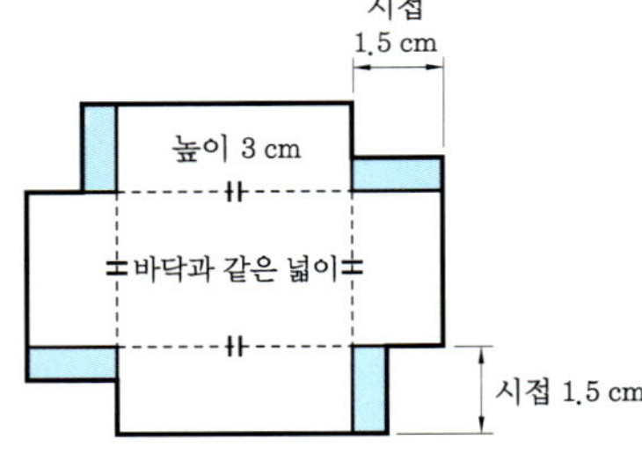

재료 리스, 다른 포장지 두 가지, 리본, OPP, 진주 액세서리, 양면 테이프, 칼, 자

How to

1 바닥과 뚜껑, 높이를 재단해 상자를 만들고, 구멍을 만든 높이 부분에 OPP를 붙인다.
2 상자 바닥 위쪽으로 리본을 두르고 보를 만들어 고정한다.
3 바늘에 실을 꿰어 일정한 간격으로 리본을 시침질 해 잡아당겨 레이스를 만든다.
4 뚜껑을 만들어 안쪽에 OPP를 붙여 창을 만든 후 레이스와 진주 액세서리로 꾸며준다.
5 상자 안에 리스를 조심스럽게 넣는다.
6 뚜껑을 덮는다.

선물 포장

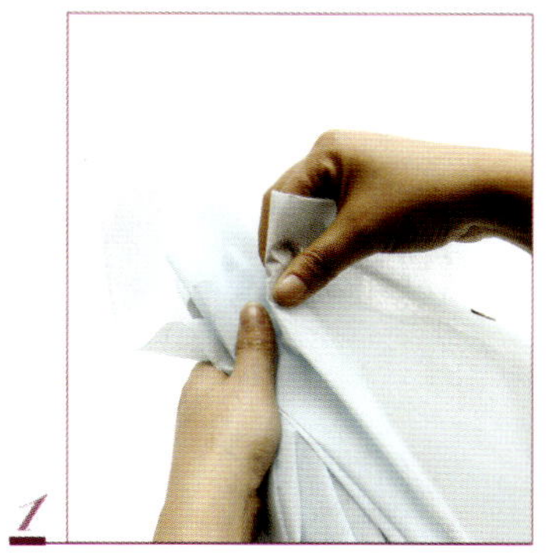

와 / 인 / 포 / 장
wine wrapping

병 포장법에는 여러 가지 종류가 있는데
특히 부직포를 이용한 보자기식 포장법과
포장지를 이용해 전체를 감싸는 방법이 많이 쓰인다.
시원한 느낌의 하늘색 부직포와 골판지로
양복 느낌이 나도록 연출해보자.
남자에게 선물할 때 좋은 포장이다.

※병 목에서 10 cm
올라오도록 재단한다.

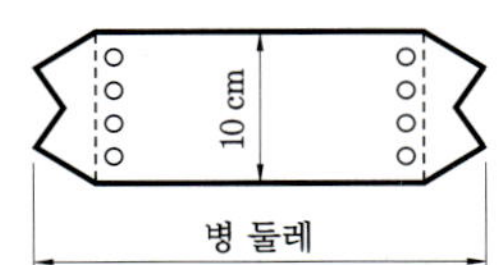

재료 와인, 부직포, 골판지, 아일렛 펀치, 가죽 끈, 리본, 양면 테이프, 칼

How to

1 속포장 전개도와 같이 재단한 부직포로 와인을 맞주름으로 접어준다.
부직포는 병목에서 10cm 올라오게 재단한다.

2 병목 윗부분은 말아 돌려 고정한 다음, 리본으로 보를 만들어 고정한다.

3 겉포장 전개도에 따라 골판지를 재단해 병에 둘러 조끼 모양이 나게 한다.

4 가죽 끈을 구멍에 끼워 X자 형태가 나오게 한다.

과 / 일 / 바 / 구 / 니 *fruit basket*

재료 각종 과일, 바구니, 와이어 리본, 망사, 조화, 글루건

How to

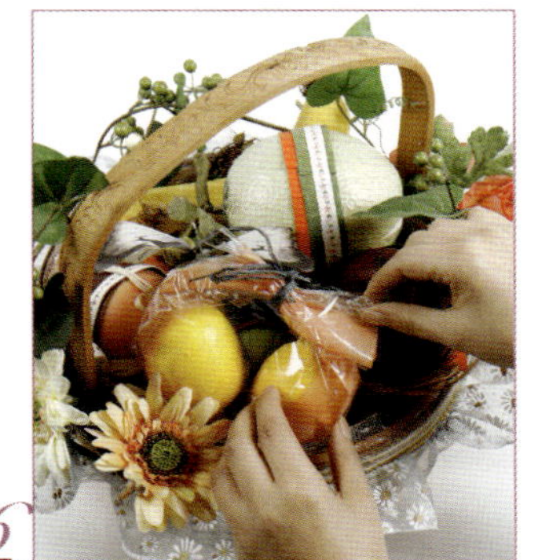

1 과일을 하나씩 따로 포장한 후 바구니 안에 망사를 넣는다.

2 바구니 둘레에 오간디 리본을 붙여준다.

3 와이어 리본의 한쪽 와이어를 당겨 주름을 만든다.

4 바구니 둘레를 따라 2의 리본을 글루건으로 고정시킨다.

5 조화를 이용해 바구니를 꾸며준다.

6 포장해 둔 과일을 예쁘게 담는다.

부 / 활 / 절 / 달 / 걀 / 포 / 장
easter egg wrapping

보라색 리본장식 달걀 달걀 모양을 그대로 살려 구슬 줄을 감은 다음 리본으로 포인트를 준다.
일반적인 그림이나 포장법보다 다른 느낌의 달걀 포장법으로 연출할 수 있다.

노란색 꽃장식 달걀 일반적인 보자기식 포장법을 택했다하더라도 꽃문양을 잘라 붙이면 새로운
느낌을 만들어 낼 수 있다.

캐 / 릭 / 터 / 상 / 자 1
character case

아이들에게 선물할 때는 일반적인 포장법보다
캐릭터 상자를 만들어 주면 훨씬 산뜻하고 눈에 띈다.
캐릭터 상자는 캐릭터의 정확한 묘사도 중요하지만
만들 캐릭터의 특징을 최대한 표현하는 것이 좋다.

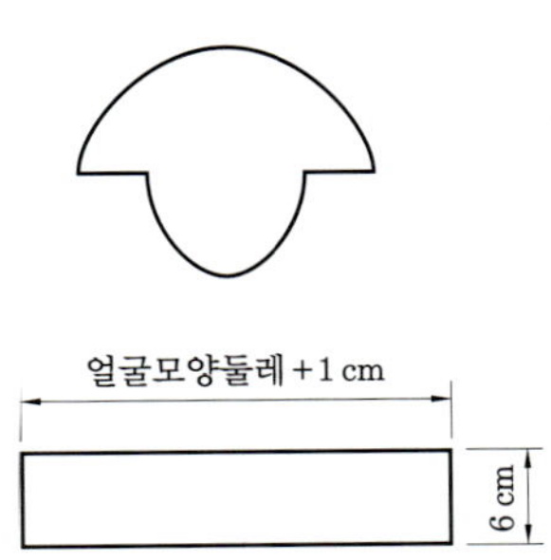

재료　여러 가지 색 골판지, 캐릭터 모양, 글루건, 칼

 *How to*

1　전개도에 따라 골판지를 오려 바닥과 뚜껑을 만든다.
　　바닥은 뚜껑보다 골판지 두께만큼 작게 재단한다.
2　뚜껑 높이는 4cm로 하고 둘레는 얼굴 모양 둘레에 1cm를 더한다.
3　색깔별로 골판지를 오려 얼굴 모양으로 붙여나간다.
4　얼굴 모양을 완성하고 뚜껑에 붙여 완성한다.

캐 / 릭 / 터 / 상 / 자 / 2
character case

돼지 모양 캐릭터

돼지 캐릭터를 더 재미있게
표현하려면 꼬리를 붙이는
것이 좋다. 상자를 만들 때는
높이를 주의해야 하는데, 뚜
껑에 높이를 붙일 때는 얼굴
바깥 테두리에 돌아가며 고
정시키고, 바닥은 안쪽으로
돌려 붙여 높이를 고정한다.

물고기 모양 캐릭터

물고기 모양의 뚜껑을 서로
다른 색의 골판지 2개를 오려
골판지 결의 반대로 붙여 준
다. 겉으로 보여지는 부분을
먼저 오려 모양을 내 두 개를
붙였을 때 오려진 모양 사이
로 다른 색이 보이게 한다.
바닥과 높이는 다른 캐릭터
상자의 방법과 동일하게 작
업한다. 캐릭터를 그릴 때 인
터넷에서 다양한 캐릭터의
견본을 찾아 이용하면 수월
하게 작업할 수 있다.

헤 / 어 / 액 / 세 / 서 / 리 / 만 / 들 / 기
hair accessories made

헤어핀 만들기 못쓰게 된 헤어핀이나 유행이 지난 헤어핀은 갖가지 리본이나 액세서리를 이용해 새로운 핀으로 만들 수 있다. 리본의 종류와 보의 형태, 액세서리에 따라 다양한 연출이 가능하다.

헤어밴드 만들기 여자 아이들이 좋아할 만한 선물을 원한다면 헤어밴드를 활용해 보자. 시중에서 쉽게 구할 수 있는 플라스틱 헤어밴드에 리본과 액세서리로 꾸며주면 다양한 모양의 헤어밴드를 만들 수 있다. 헤어밴드를 만들 때는 주로 주름 공단 리본, 골지 리본, 오간디 리본, 면 리본, 벨벳 리본 등의 종류를 사용하며, 실과 바늘을 이용해 레이스나 꽃 모양을 만들어 붙여도 좋다.

사랑을 전하는 날,
마음을 전하는 선물

- 딸기 케이크 상자 포장
- 미니 바구니 포장
- 초콜릿 보석상자 포장
- 사탕 포장
- 하트 상자 포장
- 사탕 부케 포장
- 원통에 담긴 빼빼로 포장
- 캐릭터 상자 빼빼로 포장
- 쿠키 포장
- 쿠키상자 만들기 포장
- 바게트 포장
- 크리스마스 1 포장
- 크리스마스 2 포장
- 크리스마스 꾸밈 리스 & 초 포장

딸 / 기 / 케 / 이 / 크 / 상 / 자
strawberry cake case

골판지를 이용하면 다양한 모양의 상자를 제작할 수 있다.
조각 케이크 모양의 상자를 만들 때는 먼저 원판을 만들고
케이크 조각을 나누도록 한다. 케이크 조각을 만들 때는
원판보다 0.5cm 적게 만들고 보통 8조각으로 만들어
붙이는 것이 보기에 좋다.

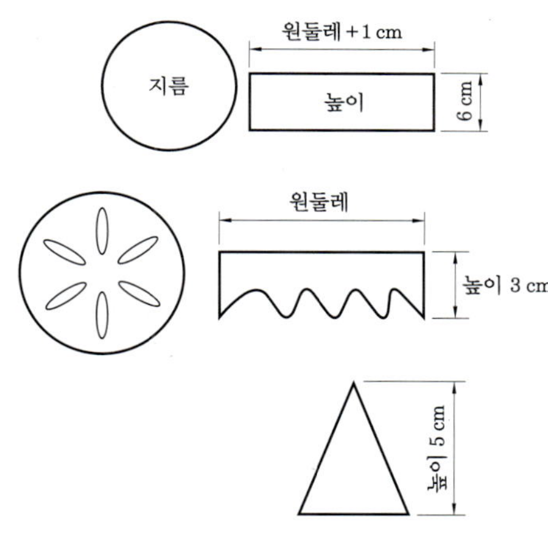

재료 여러 가지 초콜릿, 골판지, 조화, 리본, 구슬장식, 글루건, 칼, 자, 양면 테이프, 가위

How to

1 전개도에 따라 골판지를 잘라둔다.

2 같은 크기로 조각 케이크를 8개 만들어 꾸며준다.

3 케이크 상자 바닥을 만든 후 케이크 지름보다 0.1cm 크게 뚜껑을 오리고 모양을 오린다.

4 각 조각을 연결해 케이크 모양을 완성하고 안에 초콜릿을 넣는다.

5 모양을 오려낸 뚜껑 안쪽에 OPP를 붙이고 조화로 꾸며준다.

미 / 니 / 바 / 구 / 니 / 포 / 장
mini basket wrapping

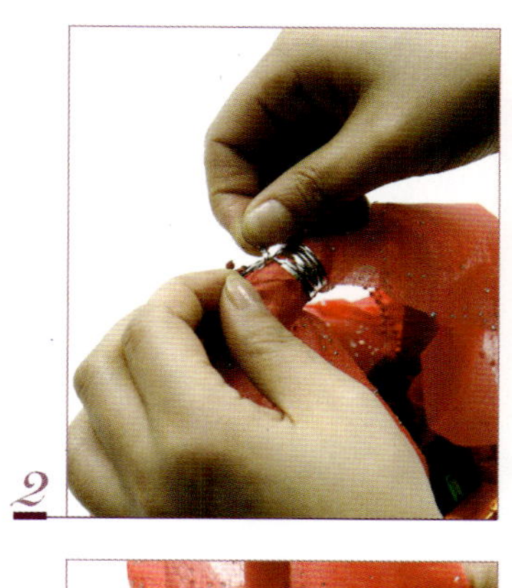

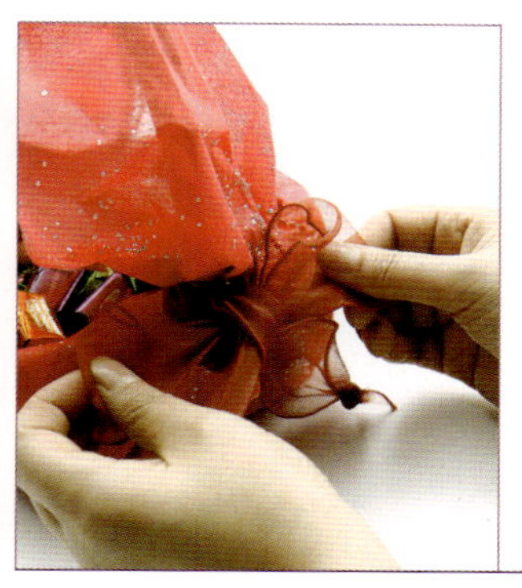

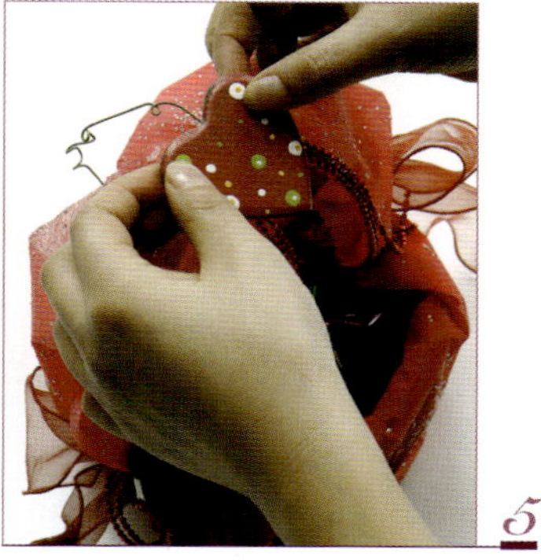

재료 초콜릿, 바구니, 부직포, 액세서리, 양면 테이프, 리본, 가위

How to

1 부직포를 바구니 크기에 맞게 감싸준다.

2 바구니의 손잡이 부분도 같은 부직포로 감싸 묶는다.

3 레이스 리본으로 옆선을 묶어준다.

4 바구니와 손잡이 연결부분을 리본과 액세서리를 이용해 장식한다.

5 손잡이 부분도 액세서리를 이용해 예쁘게 꾸며준다.

초 / 콜 / 릿 / 보 / 석 / 상 / 자
chocolate jewelry box

사랑을 전하는 밸런타인데이에는 가볍고 캐주얼한 느낌의 포장보다는 로맨틱한 아름다움을 표현해 포장하는 것이 좋다. 빨간색을 기본으로 하트 액세서리와 화려한 리본 꽃장식 등으로 꾸며 주어도 좋지만 조금 다른 느낌을 원한다면 우리의 전통색이 묻어나는 포장을 해보는 것은 어떨까?

선물 포장

사 / 탕 / 포 / 장
candy wrapping

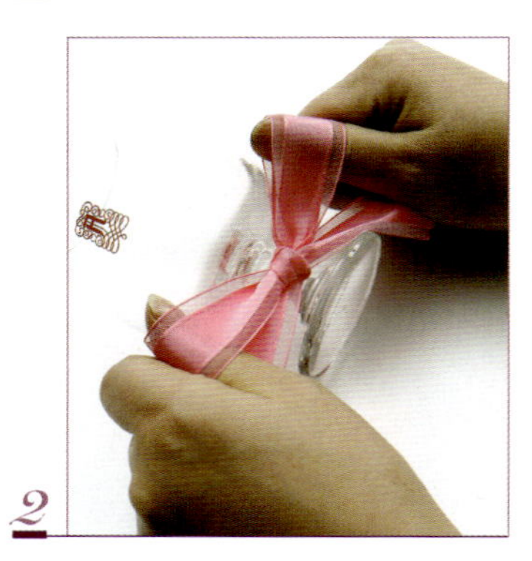

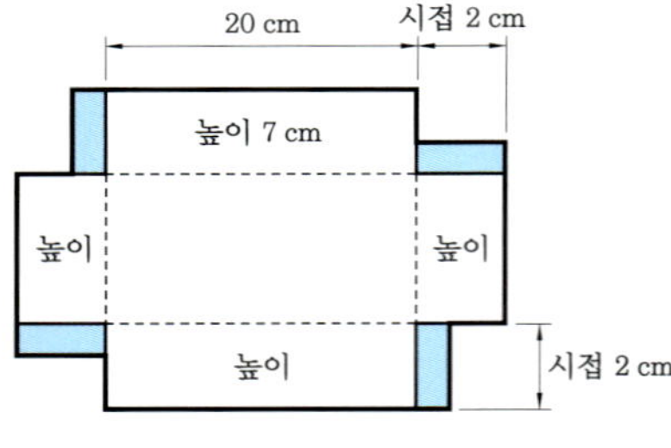

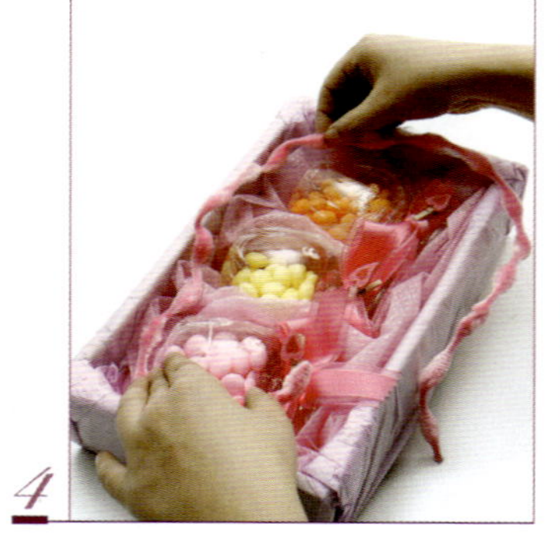

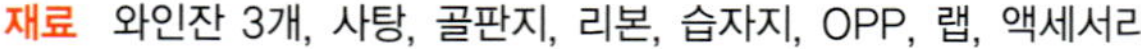

재료 와인잔 3개, 사탕, 골판지, 리본, 습자지, OPP, 랩, 액세서리

How to

1 전개도에 따라 상자를 만들어 습자지를 이용해 박스에 볼륨감을 준다.

2 와인잔의 목 부분을 리본으로 묶어준다.

3 사탕을 담고 랩으로 잘 감싸 사탕이 쏟아지지 않도록 한다.

4 상자에 사탕을 담은 와인잔을 넣고 액세서리로 장식한다.

5 OPP로 상자를 감싸준다.

6 액세서리를 이용해 꾸며준다.

선물 포장

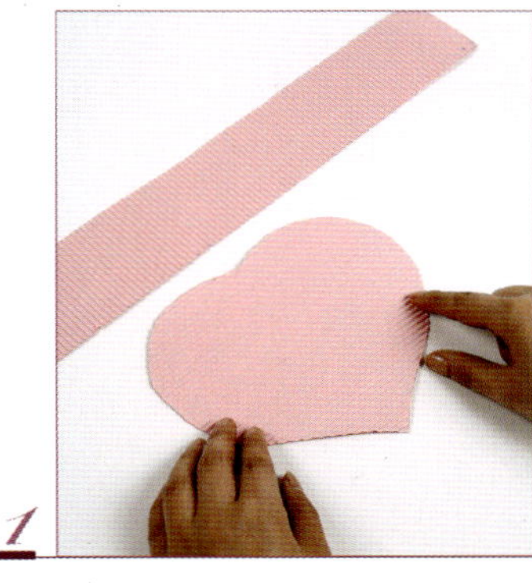

하 / 트 / 상 / 자
heart case

골판지로 재미있고 귀여운
상자를 만들 수도 있지만
연출하기에 따라 사랑이
가득한 로맨틱한 포장상자를
만들 수도 있다.
핑크빛 골판지와 골지 리본으로
사랑을 전하는 로맨틱한
선물 상자를 만들어 보자.
아주 짧은 시간만 투자해도
근사한 하트 상자를
만들 수 있다.

재료 골판지, 사탕, 습자지, 골직 리본, 장식 구슬, 글루건, 실, 바늘, 양면 테이프, 칼, 자

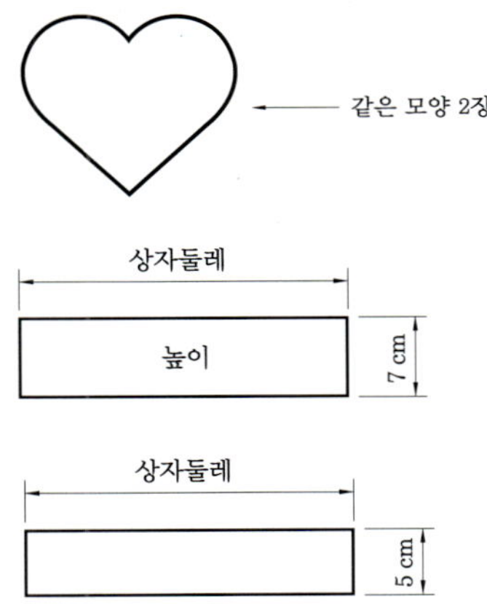

How to

1 전개도에 따라 골판지를 잘라 하트모양 본을 떠 상자를 만든다.
2 실과 바늘을 이용해 리본으로 레이스를 만들어준다.
3 리본으로 포 보를 볼륨감있게 만들어준다.
4 사탕을 넣고 포 보와 레이스 꽃으로 뚜껑을 꾸민다.

✽ 밋밋해 보이는 상자에 핑크 리본으로 레이스 꽃을 만들어 붙여 포인트를 줄 수 있다.

사 / 탕 / 부 / 케 / 만 / 들 / 기
candy bouque

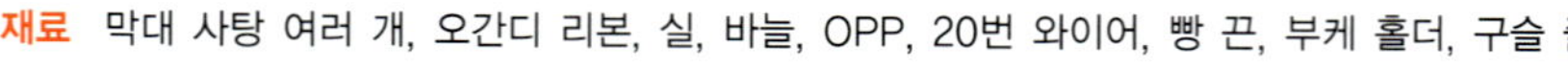

재료 막대 사탕 여러 개, 오간디 리본, 실, 바늘, OPP, 20번 와이어, 빵 끈, 부케 홀더, 구슬 줄

How to

1 리본을 20cm 길이로 20개를 잘라 실과 바늘로 꽃을 만들어준다.

2 1의 꽃에 막대사탕 한 개씩을 끼운다.

3 두꺼운 도화지 위에 양면 테이프를 붙여 돌려가며 레이스를 만들어 붙인다.

4 부케 모양이 되도록 둥글게 잡아 부케 홀더에 끼우고 손잡이 부분을 리본으로 감싸준다.

5 레이스를 풍성하게 하여 부케 아랫부분을 감싸준다.

6 리본을 길게 늘어뜨려 부케를 완성한다.

원 / 통 / 에 / 담 / 긴 / 빼 / 빼 / 로
pepero wrapping

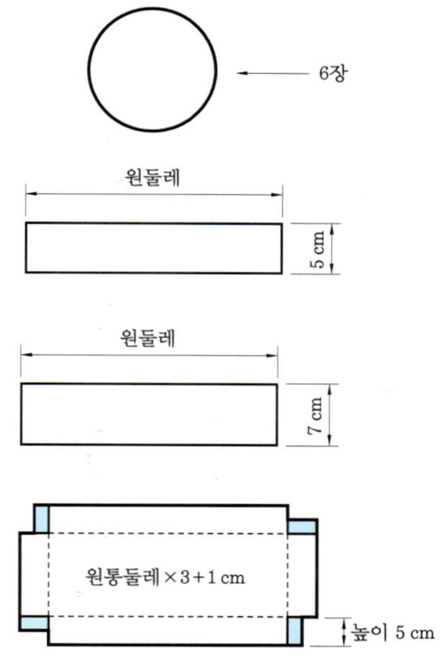

재료 빼빼로, 골판지, 리본, OPP, 양면 테이프, 자, 칼

How to

1 전개도대로 골판지를 잘라 원통 바닥을 만든다.

2 원통 뚜껑을 만들어 붙이고 크기에 맞게 원을 오려 붙인다.

3 전개도에 따라 골판지를 재단해 원통을 담을 바구니를 만들어 꾸며준다.

4 빼빼로를 담은 원통을 바구니에 넣고 액세서리로 장식한다.

✽ 원통 상자는 위, 아래를 같게 하고 바닥 부분 안쪽으로 다른 종이나 골판지를 대준다.

캐 / 릭 / 터 / 상 / 자 / 빼 / 빼 / 로
pepero wrapping

1이 네 개 겹치는 날 빼빼로처럼 날씬해지라는
의미에서 빼빼로를 주고받기 시작했다는
재미있는 기원을 가진 빼빼로데이!
선물 역시 재미있게 연출하여 즐거움을 느껴보자.
원하는 모양대로 골판지를 오려
다양한 상자를 만들면 되는데,
이때 안이 살짝 보이도록 창을 만들어 주면
훨씬 감각적인 포장이 된다.

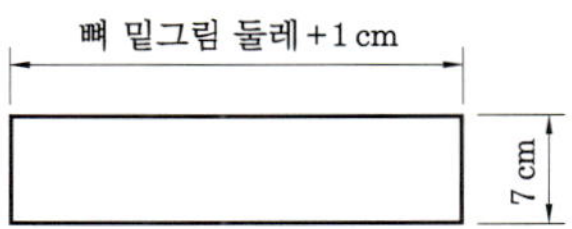

재료 빼빼로, 서로 다른 골판지, 리본

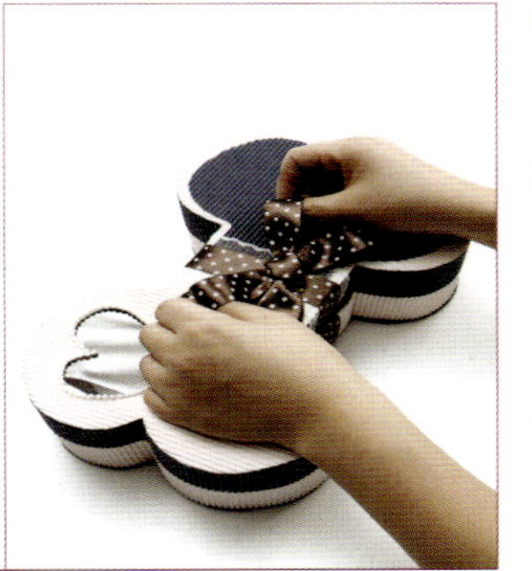

How to

1 서로 다른 색의 골판지를 전개도와 같이 재단한다.

2 바닥과 뚜껑을 만든다. 뚜껑에서 하트 모양으로 오려내고 OPP를 붙여 창을 만든다.

3 뚜껑을 덮는다.

4 중앙에 더블 보를 만들어 붙여 꾸민다.

✱ 골판지를 고를 때 서로 어울리는 색을 선택해 각각 한 장씩 본을 뜬다.

쿠 / 키 / 포 / 장
cookies wrapping

간단한 쿠키 선물도 어떻게 포장해서 주느냐에 따라
받는 사람의 기분은 달라지게 마련이다.
망사 리본을 이용해 쉽고 효과적인 방법으로 연출을 하고
액세서리를 붙이면 돋보이는 선물 포장이 된다.
액세서리는 받는 사람의 취향을 고려해 선택하는 것이 좋다.

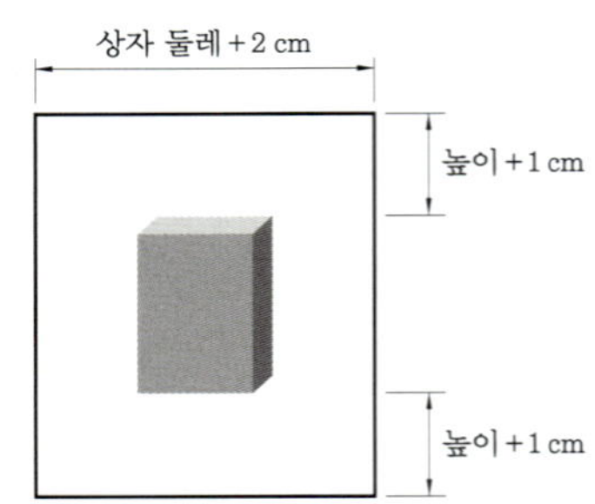

재료 쿠키 상자, 포장지, 리본, 액세서리

How to

1 기본 캐러멜 포장법으로 쿠키 상자를 포장한다.

2 상자 한쪽으로 망사 리본을 둘러준다.

3 가운데 간격을 조금 두고 다른 쪽 역시 망사 리본을 감는다.

4 약간 밝은 리본을 중앙에 붙인다.

5 액세서리를 붙여 장식하여 완성한다.

쿠 / 키 / 상 / 자 / 만 / 들 / 기
cookies box made

골판지 외에도 두꺼운 엠보싱지 역시 상자를 만들기에
더없이 좋은 재료이다. 내용물과 어울리는 색의
엠보싱지를 선택해 상자를 만들고 리본과 액세서리를 이용해
꾸며주면 선물 받을 때의 기분도 좋지만 나중에 다른 용도로도
상자를 활용할 수 있어 일석이조의 효과가 있다.

재료 쿠키, 엠보싱지, 리본, 진주 핀, 양면 테이프, 칼, 가위, 자

 *How to*

1 전개도에 따라 엠보싱지를 오려낸다.

2 상자를 조립하여 붙인다.

3 상자 뚜껑을 만들어 액세서리를 이용해 꾸며준다.
   상자 바닥보다 0.1cm 크게 재단하여 정사각형 뚜껑을 만든다.

4 뚜껑을 덮고 윗쪽에 보를 만들어 붙여 꾸민다.

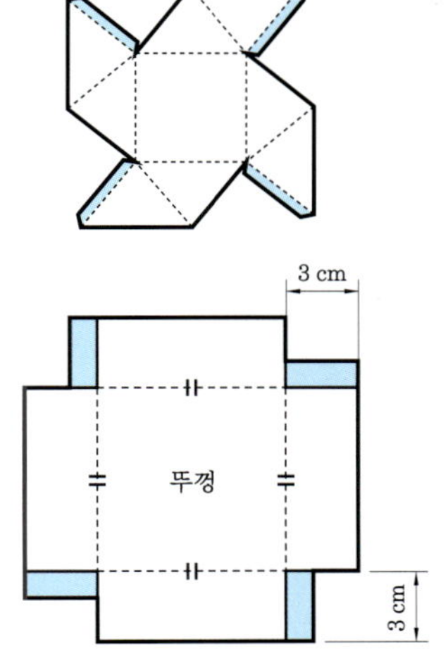

바 / 게 / 트 / 포 / 장
baguette wrapping

빵 종류의 경우 포장까지 신경을 못 쓰는 때가 있다.
쉽고 흔하게 전할 수 있는 종류이지만 포장에도 조금만 신경을 쓴다면
선물을 받은 사람은 훨씬 맛있는 시간을 보낼 수 있지 않을까?
골판지는 특유의 질감으로 특별한 기교 없이 종이를 잘라 빵을 감싸고
작은 장식 하나만 더해도 훌륭한 포장재로서의 역할을 한다.

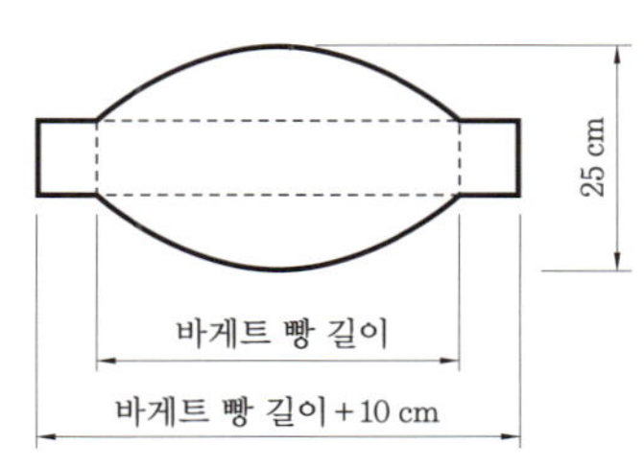

재료 바게트, 골판지, 아일렛 펀치, 가죽 끈, 나비모양 액세서리, 양면 테이프, 자, 칼

How to

1 전개도대로 골판지를 재단한다.
2 바게트를 올리고 높이를 세운 후 가죽 끈으로 한번 묶어준다.
3 바게트 크기에 맞게 골판지를 들어올려 손잡이를 만들고 펀치로 구멍을 뚫어준다.
4 가죽 끈으로 구멍을 연결해 바게트가 움직이지 않도록 고정시킨다.
5 나비모양 액세서리를 달아 마무리한다.

크 / 리 / 스 / 마 / 스 / 포 / 장 1
christmas wrapping

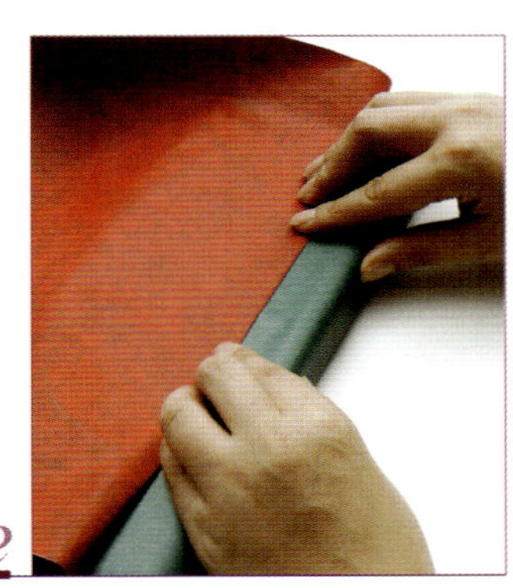

크리스마스하면 먼저 떠오르는 색이 초록색과 빨간색이다.
이 두 가지 색을 가진 양면 포장지로 포장을 하고
조금 화려한 액세서리를 붙이는 것만으로도
특별한 꾸밈없이 크리스마스 분위기를 연출할 수 있다.

재료 상자, 포장지, 액세서리, 양면 테이프, 칼

 *How to*

1 상자를 앞, 뒤 색이 다른 포장지로 감싼다.

2 상자의 2/3 지점에서부터 주름을 잡아나간다.

3 상자의 1/2 지점까지 주름을 접은 후 고정시키고 가운데에 리본을 붙인다.

4 액세서리를 길게 늘어뜨려 꾸며 완성한다.

✱ 한해를 마무리하고 따뜻한 정을 나누는 크리스마스에는 화려하면서 따뜻한 느낌의 이미지로 선물을 포장한다.

크 / 리 / 스 / 마 / 스 / 포 / 장 2
christmas wrapping

상자에 담긴 선물이라면 특별한 포장 없이
상자 그대로를 꾸며 전할 수도 있다.
붉은색 상자에 벨벳 리본과 액세서리를 이용해
크리스마스 분위기를 연출해 보았다.
선물 포장을 위해 여러 가지를 준비할 때
분위기에 맞는 색상을 선택하는 것이 무난하다.

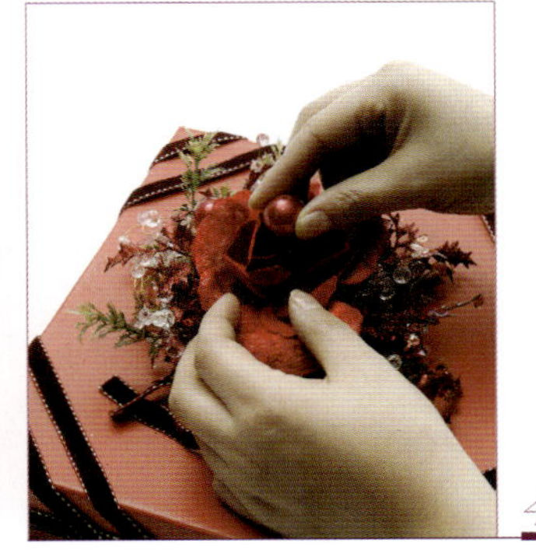

재료 상자, 벨벳 리본, 조화, 액세서리

How to

1 붉은색의 깊은 정사각 상자를 준비하여 벨벳 리본으로 상자를 꾸민다.

2 상자 중앙에 싱글 보를 만들어 붙인다.

3 2주변을 액세서리로 꾸며준다.

4 조화로 장식하여 크리스마스 분위기를 연출한다.

❋ 크리스마스 포장에는 주로 붉은색과 초록색 포장을 하고 다양한 액세서리로 화려하게 꾸며주면 좋다.

크 / 리 / 스 / 마 / 스 / 꾸 / 밈
christmas decoration

리스 wreath + 초 candle

크리스마스라고 해서 장식들이 반드시 붉은색, 초록색이어야 하는 것은 아니다. 평소 자기가 좋아하는 색을 이용하거나 파티 분위기에 어울리게 꾸미는 것도 좋은 아이디어이다.

리스 가시리스 틀을 조화와 액세서리로 꾸며 크리스마스에 어울리는 소품을 만든다. 리스는 영광, 불멸, 행운의 의미를 가진 것으로 벽걸이, 테이블 세팅, 문 입구 장식 등에 다양하게 활용된다.

초 특별한 날이면 초를 밝혀 분위기를 돋우는 경우가 많다. 일반적으로 흰색 초에 포장재료를 활용해 꾸미면 색다른 효과를 낼 수 있다.

계절별 포장

PART five

노 / 랑 / 나 / 비
yellow butterfly

포장지로 포장을 한 후 장식을 할 때는
선물을 받을 상대에 따라 액세서리를 연출하는 것이 좋다.
또한 포장지 색상과 액세서리와의 조화를 생각하여 신중하게
선택해 플러스 효과를 낼 수 있도록 한다.

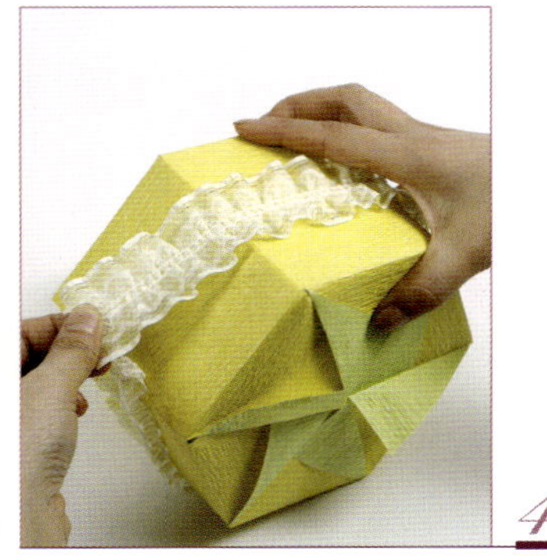

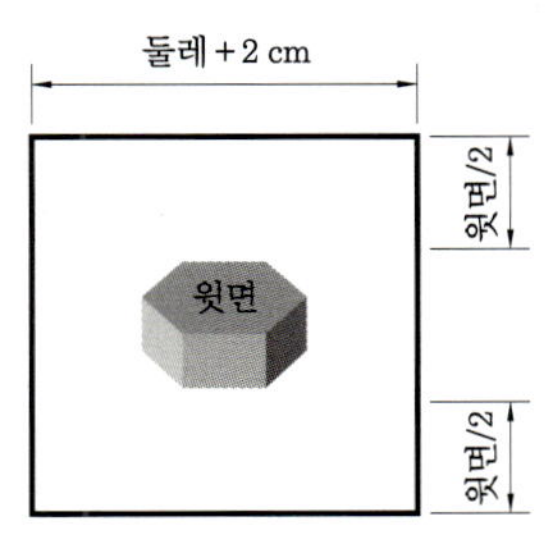

재료 육각형 상자, 구김지, 리본, 액세서리, 칼

How to

1 전개도와 같이 재단한 포장지 위에 상자를 올려놓는다.

2 상자에 포장지를 둘러 고정시키고 밑면을 먼저 접는다.

3 바람개비 모양이 나오도록 윗면을 접어준다.

4 레이스 리본으로 상자 옆면을 둘러준다.

5 액세서리로 윗면을 꾸며 느낌을 살린다.

수 / 줄 / 은 / 핑 / 크 *shy pink*

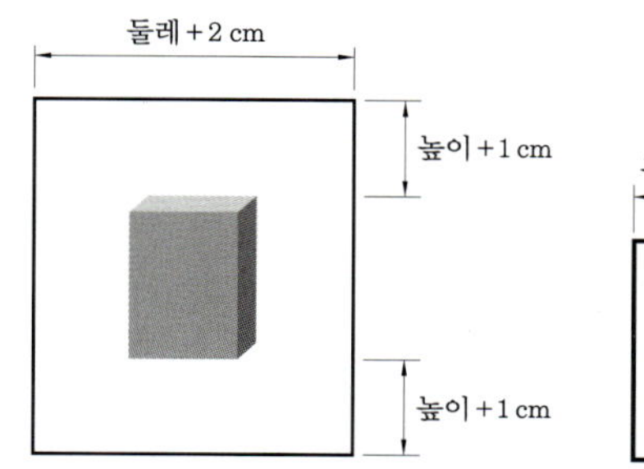

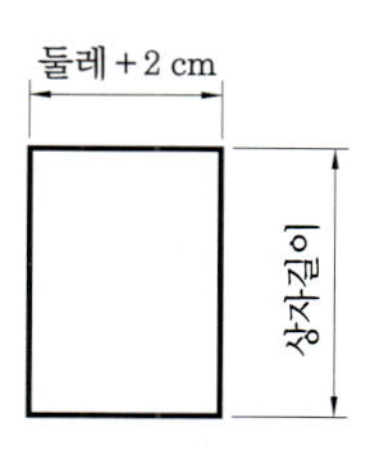

재료 상자, 꽃문양 포장지, 프라지, 액세서리, 칼, 양면 테이프

How to

1 캐러멜 포장법으로 기본 포장을 한다.

2 프라지로 기본 포장을 감싸주듯 한번 더 포장한다.

3 같은 색의 프라지를 잘라 리본을 만들어 와이어로 고정한다.

4 액세서리로 화사함을 살려준다.

✻ 이중 포장을 할 때는 안에 하는 포장을 화려한 것으로 선택하고 겉을 감싸는 포장지는 투명한 소재를 선택해
신비감을 주도록 한다.

시 / 원 / 한 / 파 / 도
cool wave

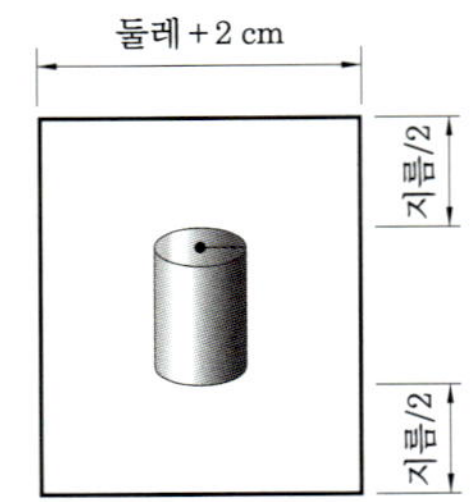

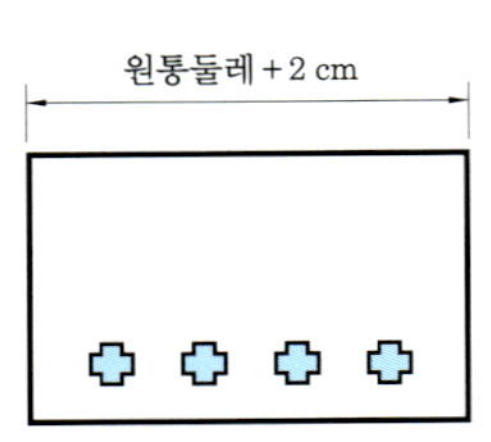

재료 긴 원통, 포장지, 파도무늬 포장지, 펀치, 리본, 액세서리, 양면 테이프, 칼

How to

1 긴 원통을 포장지에서 위아래 돌려가며 접어준다.

2 모양 펀치를 이용해 문양을 만든다.

3 원통의 윗부분을 다른 포장지로 감싼 다음 고리를 달고 바람개비 모양으로 접어준다.

4 만들어둔 문양을 아래쪽에 포인트로 붙이고, 윗부분은 구슬 액세서리를 둘러준다.

5 고리에 리본 액세서리를 붙여 장식한다.

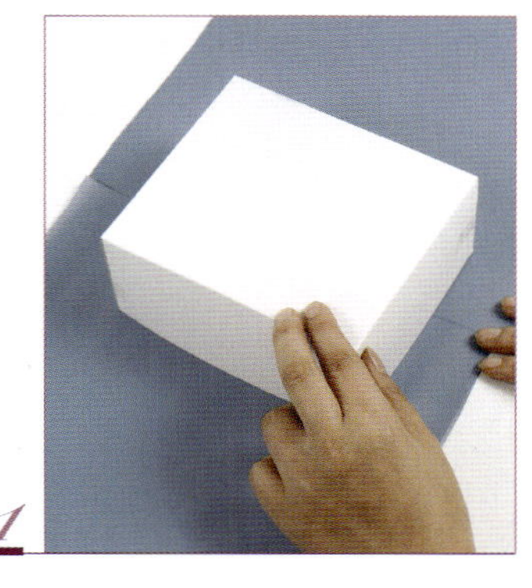

상 / 쾌 / 한 / 바 / 람
cool wind

선물은 주는 때나 계절에 따라 연출할 수 있는 다양한 포장 방법이 있다.
하지만 제일 중요한 것은 선물을 받는 사람의 취향이다.
상대의 취향을 우선에 둔 다음 계절적 요소를 더해 색감을 정해
선물을 포장한다면 선물을 주는 사람이나 받는 사람 모두 만족스러운
결과를 얻을 수 있을 것이다.

재료 사각 상자, 리본, 액세서리, 양면 테이프, 칼

How to

1 기본 사각 상자 포장법으로 포장한다.

2 두 가지 리본으로 포장을 둘러준다.

3 리본으로 스타 보를 접어 약간 위쪽으로 붙여준다.

4 보 아래쪽을 얼음조각 모양의 액세서리로 꾸며 시원함을 더한다.

화 / 려 / 한 / 색 / 의 / 어 / 울 / 림
color combination

장미꽃잎을 말린 후 장미 오일을 뿌려 향주머니를 만든다. 주얼리 상자에 넣어 조화로 장식하여 선물하면 가을의 화려함을 느낄 수 있는 예쁜 선물이 된다.

가을에는 갈색을 포장의 기본색으로 정할 수도 있지만 울긋불긋 물든 산야는 꽤 화려한 느낌도 준다. 포도주색과 초록색을 매치하면 클래식하고 우아한 가을 느낌을 연출할 수 있고, 갈색과 함께 내추럴 컬러의 배색은 전형적인 세련된 가을 느낌을 준다.

가을 느낌이 나는 포장을 할 때는 리본은 포장지와 같은 갈색톤을 선택하여 차분한 느낌을 주거나 포장지가 어두울 땐 베이지나 크림색으로 악센트를 주는 것도 좋다.

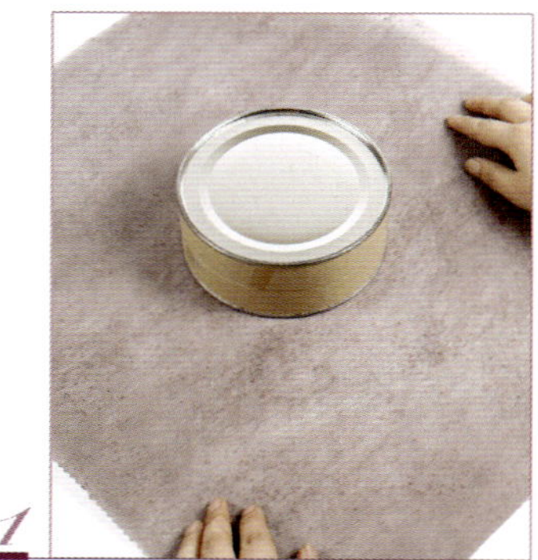

저 / 녁 / 노 / 을
sunset glow

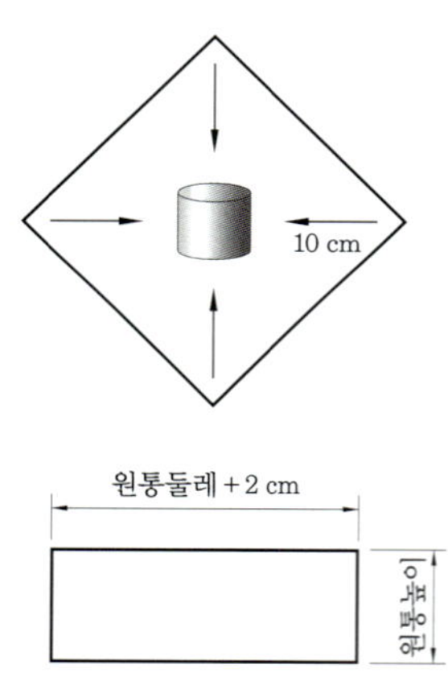

재료 원통, 부직포, 머메이드지, 리본, 스탬프, 조화, 액세서리, 양면 테이프, 칼

How to

1 부직포를 마름모꼴로 펼쳐 중앙에 원통을 올린다.

2 모서리를 들어올려 주름을 잡아 묶는다.

3 전개도와 같이 포장지를 잘라 띠를 만들어 스탬프로 문양을 만든다.

4 3의 띠를 원통에 둘러주고 가죽 끈으로 묶어준다.

5 조화로 꾸며 마무리한다.

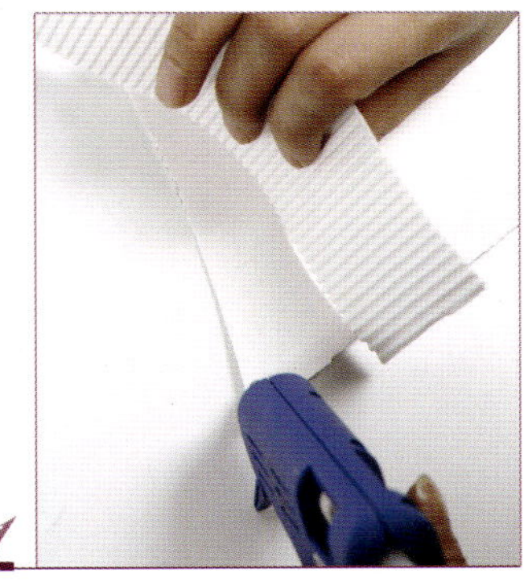

계 / 절 / 의 / 눈 / 부 / 심
dazzling seasons

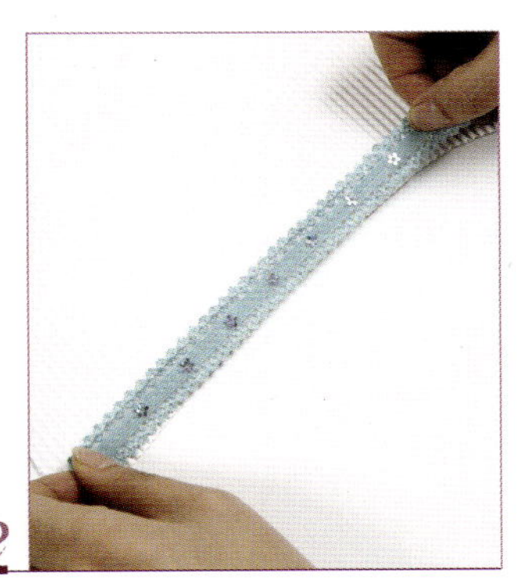

부츠를 신은 여인의 자태는 찬바람이 부는
계절에 더욱 멋스럽게 빛난다.
골판지를 이용해 부츠를 만들어
겨울에 어울리는 포장으로 연출해 보자.
겨울을 상징하는 흰색에
붉은 레이스 리본과 진주 액세서리로
포인트를 주었다.

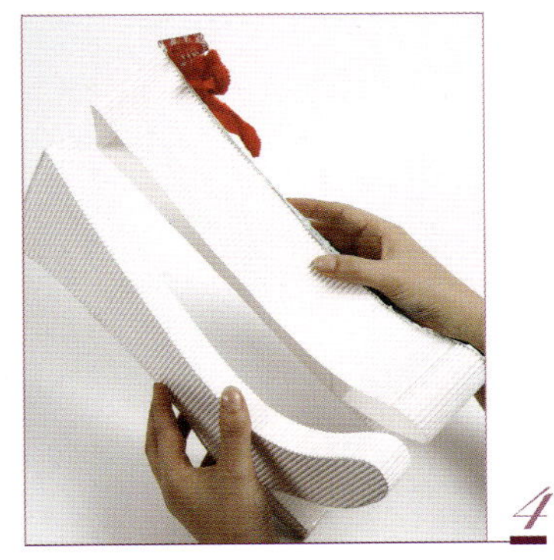

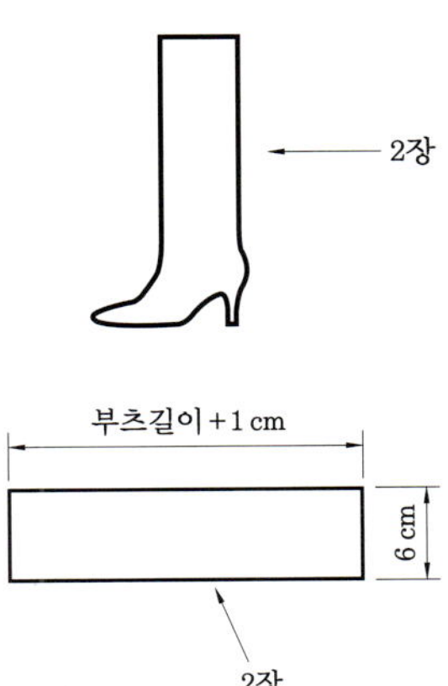

재료 골판지, 레이스 리본, 칼, 양면 테이프

How to

1. 전개도대로 부츠 모양의 본을 뜬 다음 글루건으로 붙인다.
2. 전개도의 모양대로 골판지를 잘라 리본을 붙여 부츠 옆선을 세운다.
3. 액세서리와 리본으로 부츠를 꾸며준다.
4. 뚜껑을 덮어 완성한다.

벨 / 벳 / 의 / 포 / 근 / 함
mild velvet

벨벳이 가진 특이한 광택과 부드러운 촉감 및 외관은 따뜻하고 우아한 느낌을 주기에 알맞다. 또한 벨벳은 크리스마스의 화려한 느낌과도 잘 어울리는데 특별한 포장 없이 벨벳 상자 위에 조화와 리본만으로 꾸며도 좋다.

겨울의 컬러 이미지는 흰색과 은색이 주를 이룬다. 흰색은 눈의 순수함과 깨끗함을 표현하는 색으로 거의 대부분의 색과 잘 어울리기 때문에 다양한 효과를 낼 수 있다. 은색은 흔히 달빛에 비유되는 색으로 신비한 느낌을 주는 색이다.

이외에도 모노톤의 색과 금색을 매치하면 현대적인 느낌을, 금색과 원색을 매치하면 화려한 겨울 느낌을 살릴 수 있다.

HAPPY ♡
Marriage

The essence of wrapping

선물을 위한 모든 것

PART

six

선물포장의 이론과 실제
The theory and practice **of wrapping**

선물포장이란?

선물은 감사나 축하, 사랑하는 마음을 전하기 위한 가장 효율적인 수단이다. 같은 내용물이라 하더라도 어떻게 포장해서 전달하느냐에 따라 선물의 가치는 높아지고 받는 사람이나 주는 사람 모두 행복을 느낄 수 있다.

선물이라고 하면 예쁜 포장지로 감싸고 화려한 리본으로 꾸민 것으로 생각하기 쉽지만 선물의 본질적인 기능은 장식적인 면뿐만 아니라 내용물이 상하거나 파손되지 않도록 보호하고자 하는 기능적인 목적에 있다. 그 다음이 포장지나 리본, 액세서리를 이용해 내용물이 빛나도록 장식하는 것이다. 마지막으로 중요하게 고려되어야 할 것이 선물을 받을 사람에 대한 배려하는 마음이다.

이 세 가지를 만족시키는 포장은 선물이 가지는 본연의 의미를 가질 뿐 아니라 인테리어에 활용한다거나 판매에 사용하는 상업적인 측면에서도 이용이 가능하다.

선물 포장의 요소

선물을 준비할 때 가장 염두에 두어야 할 것은 받는 사람이 이 선물로 인해 과연 얼마나 행복해질 수 있는가 하는 문제일 것이다. 상대에게 행복을 주는 선물을 준비하기 위해서는 다음의 요소들이 고려되어야 한다.

선물 구입 : 상대의 기호, 연령, 성별, 계절, 선물을 하는 이유 등을 고려해야 하는데 무엇보다 우선되어야 할 것이 받는 사람에 대한 진심어린 배려이다.

선물 상자의 선택 : 어떤 선물을 할 것인가가 정해졌으면 선물의 형태 및 상태를 생각해 상자의 견고 정도와 분위기를 참고하여 선택하도록 한다.

포장지와 리본 : 상자의 모양과 상태에 따라 포장지와 리본을 선택한다. 이때 선물을 받을 사람의 취향과 선물의 5W1H를 고려하여 무늬, 색깔, 재질을 결정한다.

액세서리 : 선물의 가치를 돋보이게 하기 위한 부속품으로서의 역할을 하는 것이다. 그때그때에 따라 액세서리의 선택은 다양해질 수 있는데 선물보다 지나치게 눈에 띄는 것이어서는 안 된다.

메시지 : 선물만 전달하는 것보다 상대방에 대한 감사나 인사의 말을 담은 편지나

카드를 동봉하는 것이 선물의 감동을 배가시키는 방법이다.

전달방법 : 아무리 근사하게 포장한 선물이라 하더라도 전달하기 곤란한 형태라면 선물로서의 의미가 없다. 때문에 선물을 준비할 때는 어떻게 전달할 것인가도 생각해야 한다.

선물의 5W1H

Who 어떤 사람에게 주는가 : 받는 사람의 나이, 성별, 취미, 개성 등을 고려

Why 왜, 어떤 의미로 주는가 : 기념일, 감사, 축하, 사랑의 표시

What 무엇을 : 어떤 내용물의 선물을 하는가?

Where 어디서 : 선물을 전할 장소는 어디인가?

When 언제 : 선물을 전할 시간은 언제인가?

How 어떻게 : 어떤 방법으로 전할 것인가?

포장지의 선택

내용물과 선물의 목적, 포장 방법, 사용할 리본이나 액세서리 등을 고려하여 선택한다.

구김지, 와플무늬 종이, 골판지, 잔주름지 : 표면을 가공한 종이류는 심플한 포장에 어울리며 주름지의 경우 오므리는 형태의 포장에 활용한다.

부직포, 마 : 천과 같이 부드러운 재질은 오므리거나 풍성하게 보이도록 하는 포장에 쓴다.

펄지 : 광택이 있는 종이로 고상하고 우아한 느낌을 전달하고자 할 때 유용하다.

크라프트지 : 대개 무늬가 전혀 없는 종이로 질기고 사용하기 좋다. 회전 포장이나 캐러멜 포장의 응용에 주름을 넣거나 다른 종이와 병행하여 포장한다.

작은 상자를 사용할 경우 : 큰 무늬가 들어간 포장지는 피하도록 하고 액세서리를 많이 사용하고자 할 때는 무늬가 없는 단색 포장지가 효과적이다.

리본의 선택

선물의 내용, 받는 사람, 포장지와의 조화를 염두에 두고 색상, 재질, 폭, 두께 등을 잘 살펴 선택한다.

- 리본의 크기는 물건의 크기에 비례한다.
- 높이가 있는 내용물의 경우 대각선이나 삼각걸기보다는 직선으로 거는 것이 쉽다.
- 직선무늬 포장지는 사선으로, 사선무늬 포장지는 직선의 십자로 리본을 거는 것이 효과적이다.
- 리본을 선택할 때는 가급적 앞뒤가 구별되지 않는 것, 포장지의 색 중에서 가장 적게 쓰인 색의 리본을 매주면 세련된 느낌으로 연출할 수 있다.

포장용품 선택

한번 사용하고 버릴 것이 아니라 재활용이 가능한 포장용품을 선택해 1석 2조의 효과를 얻는다.

- 스카프, 포켓치프, 손수건, 문양이 들어간 냅킨, 보자기 등은 색다른 포장지로서 얼마든지 포장지로 활용이 가능하다.
- 컬러 클립은 봉투식 포장의 고정이나 리본 끝의 장식으로 활용하기 좋고, 진주핀이나 단추 등도 모아두면 포장지에 맞춰 액세서리로 사용하기에 손색이 없다.
- 빈 상자는 한지, 부직포, 천 등을 붙이면 훌륭한 케이스로 재탄생한다.
- 종이백은 조금의 손질만 거치면 훌륭한 케이스로 재탄생할 수 있다. 필요 없는 부분을 잘라내고 구멍을 뚫어 끈을 달거나 리본을 연결해 새로운 포장 케이스를 만들 수도 있다. 특히 무늬가 있거나 두꺼운 백의 경우 쓰임새가 아주 다양하다.

컬러 이미지 테크닉 – 캐주얼 & 클래식
Color Image Technique **Casual & Classic**

Casual Image

캐주얼 이미지는 유쾌하고 자유분방한 분위기에 활동적이고 역동적인 이미지로 화려한 색을 중심으로 부드럽고 청명한 색 또는
화려한 톤의 배색이 잘 어울리고, 색을 많이 섞기보다 2~3가지 색으로 한정시켜 정리하는 것이 좋다.
포장지의 선택은 무겁고 두꺼운 소재보다 얇고 산뜻한 포장지를 선택하는 것이 캐주얼 이미지를 나타내기에 더 효과적이다.
리본은 물방울 무늬가 들어간 것이나 경쾌한 느낌으로 선택하고 액세서리를 이용해 꾸며주어도 좋다.

Classic Image

원숙미와 함께 성숙미가 돋보이는 고전적이면서 화려한 분위기가 느껴지는 이미지로 깊이감이 묻어나는 어두운 계통의 색을 기본으로
베이지, 아이보리 등 YR계를 중심으로 비교적 대비가 적은 차분한 느낌의 배색을 한다.
포장 또한 지나치게 화려하기보다 차분한 분위기와 깊이감을 동시에 표현할 수 있는 이중 포장법이 어울린다.
공단 리본이나 벨벳 리본, 가죽 소재의 줄 리본을 사용하면 한층 더 깊이감이 느껴진다.

컬러 이미지 테크닉 – 엘레강스 & 모던
Color Image Technique **Elegance & Modern**

우아하고 고상한 기품이 느껴지는 이미지이다. 화려한 이미지와는 정반대의 이미지로 다정하고 품위 있고 온화한 분위기의 사람에게
잘 어울린다. 회색빛이 감도는 부드러운 색으로 연출하면 효과적인데, 강한 콘트라스트를 주지 않는 색 대비감이 약한
색상과 은은한 그라데이션 톤으로 정리하면 좋다. 분위기 있는 포장을 원할 때 사용하는데 주로 보라색을 많이 이용한다.
고급스러운 양면지를 선택하고 리본은 레이스를 이용해 품격을 높여준다.

도회적이고 전문적인 느낌으로 진취적이고 개성적인 선진감각의 이미지로 차가운 색을 기본으로 대담한 색상 대비와 명암 대비를 주어
과감한 시도를 해보는 것도 좋다. 난색계의 색을 악센트로 사용하면 캐주얼한 분위기와 함께 강한 인상을 심어줄 수 있다.
화려한 색의 여러 포장지를 사용하기보다 단색 포장지를 서로 연결해 포장하고,
리본은 공단 소재의 리본으로 선택하는 것이 무난하다. 심플하면서 깔끔한 이미지를 전달하기에 좋다.

컬러 이미지 테크닉 – 로맨틱 & 내추럴
Color Image Technique **Romantic & Natural**

Romantic Image

공상적이고 낭만적인 이미지로 여성의 부드러움, 우아함, 귀엽고 사랑스러움을 연상시킨다. 로맨틱의 대표색이라 할 수 있는
핑크와 가볍고 감미로운 느낌의 색상을 중심으로 한다. 핑크, 옐로우, 퍼플을 기본으로 하고 페일, 라이트, 브라이트 등을 선택하면
부드럽고 로맨틱한 이미지가 극대화된다. 사랑의 마음을 전하고자 할 때 주로 사용하는 이미지 포장법이다.
구김지나 부드러운 망사, 부직포로 포장하고 쉬폰 소재의 리본으로 보를 만들면 로맨틱한 부드러움을 더할 수 있다.

Natural Image

자연이 주는 온화하고 소박하며 정다운 느낌을 주는 이미지로 오랫동안 계속 보아도 질리지 않는 자연 색조나 패턴들,
냇물이나 바람에서 느끼는 상쾌함과 따스하고 자연 풍경에서 느끼는 마음의 평온함이 내추럴 이미지의 기본이다.
베이지, 아이보리 등 YR계를 중심으로 대비가 적은 차분한 느낌의 배색을 하는데 보통 가을의 느낌이 묻어나는 이미지 포장법이다.
자연색이 강해 골판지나 직녀지 등의 포장지에 라피나 지끈 같은 자연 재질의 리본을 사용하면 자연스러운 포장이 된다.

메시지 카드와 태그
Message card & **Decoration tag**

선물을 더욱 돋보이게 하는 메시지 카드와 태그

작은 선물이라도 선물을 하는 사람의 마음을 담으면 그 선물은 다른 무엇보다 가슴에 오래 남을 선물이 된다. 카드나 작은 태그를 만들어 함께 선물하면 어떨까? 화려하고 예쁜 카드도 많이 팔지만 직접 만들어 선물하면 선물을 하는 사람이나 받는 사람 모두에게 특별한 감동으로 남을 것이다.

하나밖에 없는 멋진 선물을 위한 연출

태그는 어떤 물건에 대한 여러 가지 사항들을 적어 둔 것이다. 포장 연출에서는 간단한 인사나 선물의 의도를 전할 수 있는 동시에 액세서리로서의 역할도 한다.

태그를 만들 때는 굳이 새로운 재료들을 준비하지 않아도 된다. 두꺼운 종이에 간단한 메시지를 적고 포장하고 남은 레이스나 깃털, 스켈리턴 잎으로 포인트를 주어도 좋다. 또 여러 가지 글씨의 스탬프나 모양 펀치로 꾸며 주어도 되고 다양한 모양의 끈과 액세서리를 달아 만들어도 된다.

◀ 모양 펀칭기와 스탬프, 커팅 기법을 이
용해 만든 크리스마스카드. 반짝반짝 빛나
는 트리와 화이트 크리스마스의 설렘이 그
대로 전해진다.

좋은 사람들과의 행복한 시간

크리스마스에는 모두에게 행복한
일만 생겼으면 좋겠다는 생각을 한
다. 지난 일년 간 고마웠던 사람, 내
마음을 전하고 싶은 사람에게 꼭 비
싸고 좋은 선물이 아니더라도 직접
만든 카드를 전한다면 다른 어떤 선
물보다 기뻐하는 모습을 볼 수 있지
않을까?

◀ 짙은 푸른색의 머메이드지를 잘라 다른
기교 없이 리본만으로 크리스마스 분위기
를 내보았다. 단순해 보이는 카드지만 카
드를 펼치면 미소 짓지 않을 수 없다. 속
지를 겹쳐 부분부분 하트 모양을 오려내어
카드를 펼치는 순간 귀여운 하트들이 먼저
반기는 카드이다.

스티치, 골지, 공단, 무늬공단 리본

와이어, 쉬폰 리본

체크 무늬, 벨벳 리본

구슬 리본

리본의 종류와 보 만들기
Ribbon info & **Bow basic**

리본의 종류

포장을 더욱 아름답게 완성하고 분위기를 살려주는 것이 리본이다. 리본을 사용할 때는 포장지의 질감과 색상에 맞춰 선택하는 것이 좋다. 보통 한 종류의 리본만 사용하지만 두 가지를 함께 섞어 사용하는 등 때에 따라 다양한 연출이 가능하다.

골지 리본 : 공단 리본과 함께 가장 널리 쓰이는 리본으로 무늬가 들어간 것은 포장 외에도 머리핀 등의 액세서리를 만들 때 많이 쓰인다.

공단 리본 : 부드러우면서 광택이 있어 포장을 고급스럽게 돋보이게 하는데 좋다. 가장 많이 쓰이는 리본으로 종류 또한 여러 가지이다.

무늬공단 리본 : 문양이 들어간 공단 리본을 고를 땐 리본의 광택을 가리는 조잡한 것은 피하는 것이 좋다.

와이어 리본 : 가장자리에 와이어가 들어있는 종류이다. 원하는 모양으로 연출할 수 있어 보를 만들 때 효과적이다.

쉬폰(오간디) 리본 : 가볍고 얇은 소재로 부드럽고 여성스러운 섬세함을 표현하고자 할 때 어울린다.

체크 무늬 리본 : 귀엽고 발랄하며 깜찍한 느낌의 포장이나 헤어핀 등의 액세서리를 만들 때 사용한다.

벨벳 리본 : 따뜻하고 포근한 이미지로 겨울 포장에 주로 사용하며 보로 만들었을 때 볼륨감이 있다.

구슬 리본 : 포장을 끝낸 단계에서 장식용으로 많이 쓰인다.

레이스 리본 : 포장상자 완성 후 테두리에 포인트로 많이 사용한다.

스티치 리본 : 다양한 소재의 종류가 있으며 포인트에 사용한다.

자가드 리본 : 고급소재로 헤어핀을 만들거나 포인트를 위해 주로 부분적으로 사용한다.

싱 / 글 / 보

  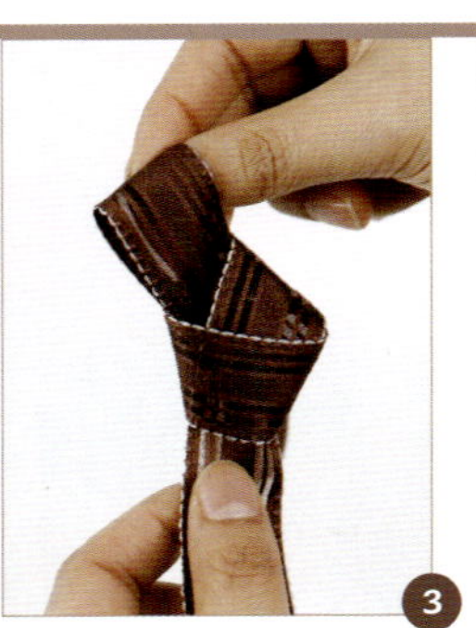 

일반적인 포장법에는 많이 쓰이지 않으나 전통 포장법에서는 많이 쓰인다.

1 원하는 보 크기만큼 리본을 잡는다.

2 한쪽을 잡고 다른 쪽을 돌려 원을 만들어준다.

3 아래쪽 리본을 잡아 올려 고리를 만들어 당긴다.

더 / 블 / 보

나비 보라고도 불리며 흔히 우리가 리본이라고 부르는 것이다.

1 리본을 한쪽 보가 나오도록 잡아준다.

2 한쪽 보를 만들어 잡아준다.

3 보 두 개가 같은 크기가 되도록 잡아 고리를 만들어 완성한다.

트 / 리 / 플 / 보

3개의 보로 만들어 비대칭한 모양에서 색다른 분위기를 느낄 수 있다.

1 리본을 한쪽 보 크기만큼 잡아준다.

2 보를 한쪽엔 두 번 접어주고 다른 한쪽엔 한번만 접어준다.

3 고리를 만들어 중심 부분에 감아 당겨준다.

포 / 보

부피감이 없는 상자에 부피감을 주기 좋은 보이다.

1 한쪽을 보 크기만큼 잡아준다.

2 양쪽을 보 2번씩 만들어준다.

3 보 4개를 만들어 중심 부분에 고리를 만든다.

4 고리 사이로 매듭을 만들어 잡아당겨 준다.

웨 / 이 / 브 / 보

납작하고 긴 상자에 어울리는 보로 단아하고 깔끔한 이미지 연출에 좋다.

1 엄지손가락 크기의 고리를 만들어준다.

2 중앙에 고리 크기만큼 보를 접어준다.

3 양쪽으로 두 번씩 접어준다.

4 마무리 중심부분에 고리를 만들어 스테이플러 등을 이용해 고정시킨다.

스 / 타 / 보

원통형 포장이나 화려한 부피감을 나타내고자 할 때 유용하다.

1 리본을 일자로 잡아 삼각형이 되도록 접어준다.

2 리본의 긴 줄기를 이용해 삼각형의 형태가 되도록 접어준다.

3 별모양이 되도록 계속 돌려가면서 접어준다.

4 다섯 개 정도 보를 접어준 다음 중심에 고리를 만들어 고정한다.

프 / 렌 / 치 / 보

 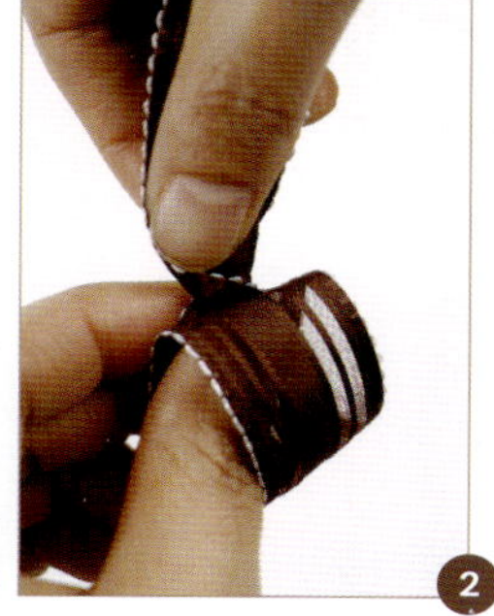  

꽃다발 포장에 주로 쓰이는 방법으로 플라워 숍에서
가장 많이 쓰인다.

1 리본으로 엄지손가락 정도의 고리를 만든다.
2 긴 쪽 리본을 180°로 완전히 꼬아 주면서 고정한다.
3 반복적으로 계속 돌려가면서 긴쪽 리본을 꼬아준다.
4 보를 교차하면서 7~8개 정도 나오게 접는다.
5 가는 와이어로 중심을 고정시켜준다.

엘 / 레 / 강 / 스 / 보

우아하고 여성스러운 분위기를 낼 때 좋은 것으로 얇은 리본보다는
넓은 리본이 잘 어울린다.

1 스타 보와 반대 방향으로 보를 접어준다.
2 양쪽 모두 같은 방법으로 보를 접는다.
3 같은 방법으로 안쪽을 접어준다.
4 보를 두 개씩 양쪽으로 접어준 다음 고리를 만들어 고정한다.

폼 / 폰 / 보

와이어링된 리본이나 빳빳한 질감의 리본으로 만들며
부피감을 주기에 좋다.

1 10cm 정도의 길이로 리본을 잡는다.
2 같은 길이로 돌려가며 10회 정도 감아준다.
3 중심을 잡아 가운데 0.5cm 정도 남기고 양쪽에
  가위집을 낸다.
4 위, 아래로 하나씩 빼서 꼬아 주면서 모양을 만든다.
5 보가 풍성해지도록 위, 아래를 당겨준다.

레 / 디 / 에 / 이 / 팅 / 보

바람개비 모양을 가진 것으로 중간 폭의 부드러운
소재의 리본으로 만들어준다.

1 10cm 정도의 길이로 리본을 잡는다.
2 같은 길이로 10회 정도 리본을 접어준다.
3 양쪽 끝을 사선으로 잘라준다.
4 중심 0.5cm 정도만 남기고 칼집을 넣어 와어어로
  감아준다.
5 위, 아래로 리본을 하나씩 빼서 풍성하게 만들어간다.

Love does not consist in gazing at each other, but in looking together in the same direction.

He is truly happy who makes otheres happy.

일 / 자 / 타 / 이

가벼운 상자 포장이나 깔끔하고 심플한 느낌을 연출하고자 할 때 많이 사용한다.

1 리본 끝을 고정시킨다.

2 한 바퀴 돌려 처음 시작했던 부분에서 고정하고 보를 만들어 붙인다.

타이 매기
Beautiful **Tie up**

브 / 이 / 타 / 이

납작하고 긴 상자에 어울리는 타이로 더블 보나 포 보를 만들어 부피감을
주면 좋다.

1 보 크기보다 1.5배 정도 남겨놓고 리본을 잡아준다.

2 한번 돌려 감아 V자 형태가 되도록 한다.

십 / 자 / 타 / 이

일반적으로 가장 많이 쓰이는 방법으로 어떤 보를 만들어도 비교적 잘 어울린다.

1 보 크기 정도 리본 자락을 남겨둔다.

2 긴 쪽 리본을 상자 위로 올려준다.

3 두 개의 리본을 서로 교차시켜준다.

4 리본이 풀리지 않도록 짧은 쪽 리본을 교차 사이로 한번 감아준다.

제 / 트 / 타 / 이

카드나 책 등을 선물할 때 많이 쓰이는 방법으로 사각형 형태를 포장할 때 사용한다.

1 보 크기보다 1.5배 정도 남겨놓고 리본을 잡아준다.

2 상자의 모서리 부분을 잡아 돌려 감아준다.

3 Z자 형태가 나오도록 리본을 고정시킨다.

다 / 이 / 아 / 몬 / 드 / 타 / 이

액자 등 무게감이 있는 선물의 포장에 많이 쓰인다.

1 제트 타이와 같은 방법으로 리본을 잡아준다.

2 윗부분에서 리본을 교차시킨다.

3 Z자 형태가 되도록 반대 방향도 감아준다.

4 다이아몬드 형태가 되도록 마무리한다.

삼 / 각 / 타 / 이

삼각형 포장 상자를 포장할 때 쓰이는 방법이다.

1 리본을 같은 길이로 세 개 자른다.

2 매듭을 만들어준다.

3 삼면에 리본이 한 줄기씩 오도록 한다.

4 상자에 리본을 고정한다.

You have been bewitched my body and my soul. And I love and I love, and I love you.

Love, the itch, and a cough can not be hid.

다양한 포장기법
Variety of wrapping **Technique**

Cutting 기법

주로 포장지에 붙이는 방법으로 사용하는 커팅 기법은 칼이나 끝이 뾰족한 도구를 이용해 그림을 도려내어 일반 포장지나 두꺼운 도화지에 서로 다른 색으로 붙여 사용하는 것이다. 상대방이 좋아하는 그림이나 모양을 복사해서 도려내 자칫 밋밋할 수 있는 포장에 개성을 부여할 수 있는 포장기법이다.

Stamping 기법

여러 형태의 도장을 이용해 원하는 물감과 잉크에 찍어 사용하는 기법으로 단색의 얇고 부드러운 종이를 사용하도록 한다. 파는 도장들도 있지만 감자나 고구마 등에 원하는 도안으로 문양을 그리고 도려낸 다음 사용하면 훨씬 다양한 효과를 낼 수 있다. 되도록 단순한 문양으로 여러 재질의 종이를 곁들여 디자인하면 더욱 돋보인다.

Dry Brush Touching 기법

붓에 물감을 묻혀 포장지에 원하는 모양을 직접 그리는 기법이다. 포장지의 색이 연하면 짙은 물감으로, 짙은 색의 포장지엔 연한색의 물감을 이용해 어디에서도 볼 수 없는 나만의 포장지를 만들어 낼 수 있다.
쉽게 잘 마르는 재질의 적당한 두께의 포장지를 선택해야 물감이 빨리 마를 수 있다. 종이의 두께와 결에 따라 색상과 물감의 농도가 달라질 수 있으며, 여러 색을 혼합하여 사용하면 더욱 고급스러운 느낌을 만들 수 있다.

Gild 기법

금, 은가루를 뿌려 모양을 내는 기법으로 가루를 어떻게 붙이느냐가 가장 중요하다. 풀을 사용하는 기법이므로 지저분해지지 않도록 깔끔하면서 접착력이 좋은 풀을 사용해야 하며 본의 모양대로 사용할 수 있도록 정확하게 붙여야 한다.

Torn 기법

손으로 종이를 찢어가며 모양을 만들어내는 기법으로 자연스럽고 기대하지 않은 새로운 형태를 만들 수 있는 기법이다. 종이의 결을 따라 찢으면 규칙적인 선을 만들 수 있고 종이의 뒷면을 찢으면 자유롭고 너덜너덜한 효과를 얻을 수 있다. 찢는 형태의 자연스러움을 이용할 때는 Tearing 기법을 사용한다.

Piercing 기법

종이에 바늘을 이용해 구멍을 만들어 종이의 질감 변화로 극적인 효과를 낼 수 있는 기법이다. 바늘, 코사지, 진주 핀, 돗바늘, 펀치, 양재용 룰렛 등을 사용할 수 있는데 인조 가죽에 구멍펀치를 이용하거나 돗바늘을 가장자리에 이용하면 특별한 효과를 낼 수 있다. 신비스러운 분위기를 연출하고자 할 때 가장 적당한 기법이다. 포장지의 느낌을 그대로 살릴 수 있고 심플하고 깔끔한 분위기를 낸다. 웨딩 선물이나 사랑하는 이에게 선물할 때 좋은 기법으로 리본이나 액세서리도 가급적 깔끔하게 장식하도록 한다.

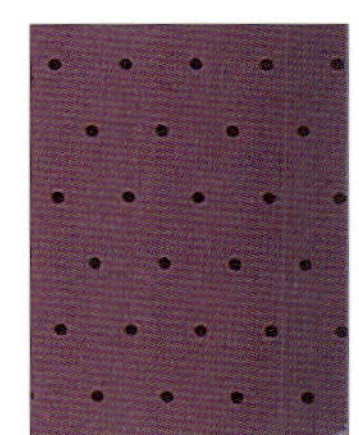

Weaving 기법

리본이나 포장지를 이용하여 어슷하게 모양을 만들어 베처럼 짜서 만드는 기법이다. 종이의 넓이를 측정해 나눈 다음 자르거나 찢은 종이를 이용하는 기법인데 무지, 색이 있는 종이 또는 형태가 있는 종이로 사용 가능하다.

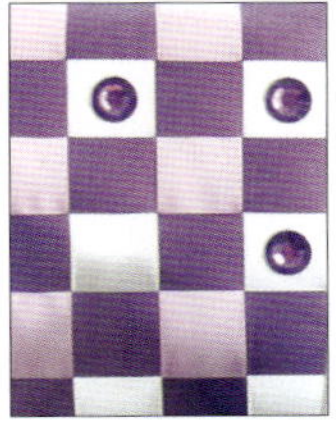

다양한 포장지의 종류
Wrapping paper **of this kind**

수입지 : 시중에서는 구하기 힘든 고급 포장지이다.

양면지 : 양쪽에 서로 다른 색상으로 되어 있어 두 가지 효과를 내고자 할 때 사용한다.

꽃지 : 흔히 쓰이는 박스 포장지로 두께가 얇고 잔잔한 문양이 들어가 다양하게 쓰인다.

직녀지 : 무게감을 표현하고자 할 때 사용하는 포장지로 약간 두꺼운 면이 있어 주름이 많이 들어가지 않는 심플한 포장법에 어울린다.

머메이드지 : 두께가 있어 상자를 만들 때나 원하는 모양을 만들고자 할 때 사용한다.

골판지 : 일반적인 포장지와 달리 두께가 있고 골이 있어 여러 가지 상자를 만들 때 유용하게 쓰인다.

타공지 : 작은 구멍이 일정한 간격으로 뚫려 있는 포장지로 쇼핑백이나 심플한 상자 포장에 사용한다.

바둑지 : 볼록볼록한 질감으로 두껍거나 얇은 종류가 있는데 두꺼운 것은 상자의 모양을 만들 때 주로 사용하며 얇은 것은 일반 포장에도 쓰인다.

스타드림지 : 두껍고 반짝이는 질감으로 크리스마스 카드나 입체감 있는 포장을 원할 때 이용하면 좋다.

단보루 : 전개도를 이용한 상자를 제작할 때 쓰인다.

펄구김지 : 구김이 있는 포장지로 주름을 접는 포장법에 많이 사용한다.

패브릭지 : 일반 포장지에 화려한 꽃무늬가 들어가 있는 포장지다.

켄트지 : 스타드림지와 마찬가지로 두께가 있어 입체감 있는 모양을 낼 때 주로 사용하지만 무광택의 포장지다.

포장할 때 쓰이는 도구
The tools of **The wrapping**

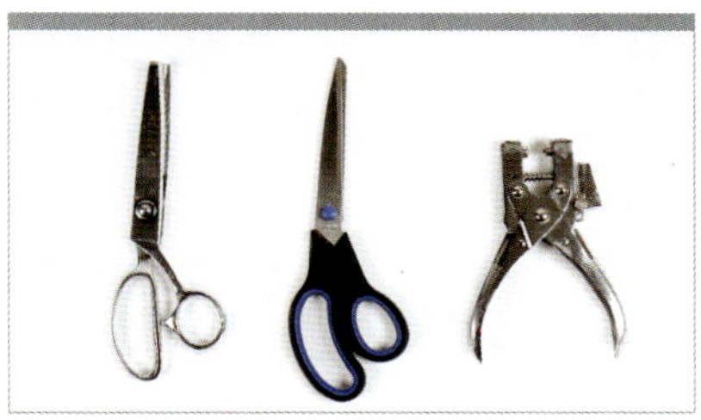

자르거나 구멍을 낼 때
핑킹 가위, 가위, 펀치

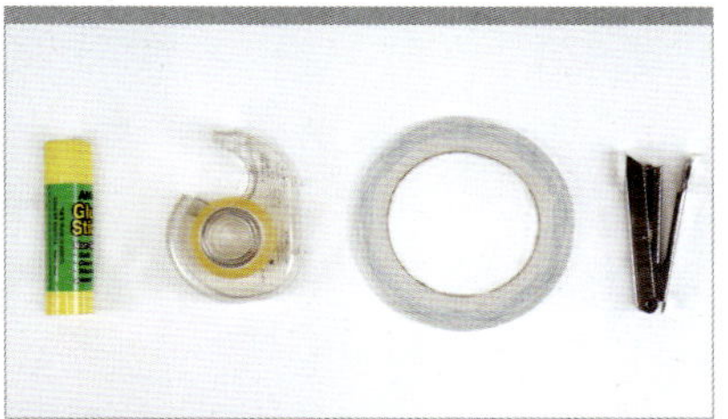

고정하거나 접착할 때
풀, 투명 테이프, 양면 테이프, 스테이플러

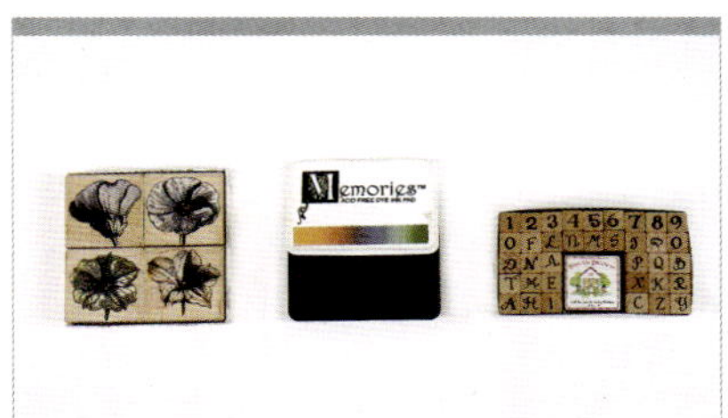

다양한 효과를 낼 수 있는 스탬프
꽃문양 스탬프, 글씨 스탬프

모양 펀치
여러 가지 형태의 펀치

색을 칠할 때
색연필

장식 효과 내기
액세서리

Nomenclature

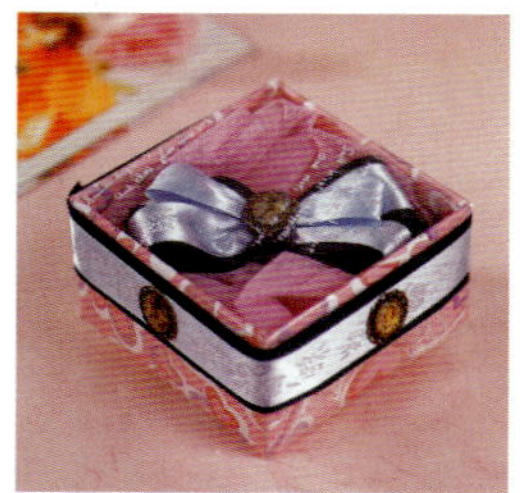

속옷 *42~43*

멀티백 *44~45*

미니백 *46~47*

포푸리 주머니 *48~49*

티슈 케이스 *50~51*

리스 *52~53*

와인 *54~55*

과일 바구니 *56~57*

달걀 *58~59*

캐릭터 상자 1 *60~61*

캐릭터 상자 2 *62~63*

헤어 액세서리 *64~65*

딸기 케이크 *68~69*

미니 바구니 *70~71*

사탕 *74~75*

하트 상자 *76~77*

Nomenclature

러빙 유 선물포장

2007년 4월 25일 1판 1쇄
2010년 4월 10일 1판 2쇄

저 자 : 김혜정 · 최재연
펴낸이 : 남상호

펴낸곳 : 도서출판 예신
140-896 서울시 용산구 효창동 5-104
대표전화 : 704-4233, 팩스 : 715-3536
등록번호 : 제03-01365호(2002. 4. 18)
http://www.yesin.co.kr

값 12,000원

ISBN : 978-89-5649-053-3